……議

西元前三千年～西元三十年左右的古埃及時代，視貓為重要的神祇。

▼古埃及壁畫，中央圈起來的部分畫著貓。

影像來源／ British Museum via Wikimedia

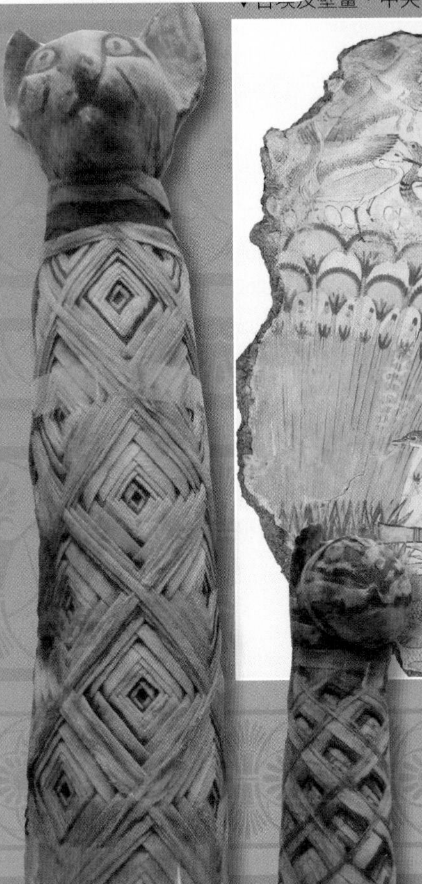

◀貓的木乃伊。

影像來源／ Daderot via Wikimedia

影像來源／ Hunefer via Wikimedia

▲有著貓外型的太陽神「拉」（或稱拉神），對抗巨蛇外型的混沌之神「阿波非斯」的壁畫。

貓的不思議

～生態～

自於野生斑貓時期開始，貓就擁有從大自然培養出來的各種能力和特徵。

耳朵

耳朵可以自由活動，轉向感興趣的方向。生氣或害怕的時候耳朵會平貼腦袋。

眼睛

動態視力優秀，一點點小動作也不會漏看。可是視力大約只有人類的十分之一，靜止不動的東西在牠們眼裡看起來很模糊。

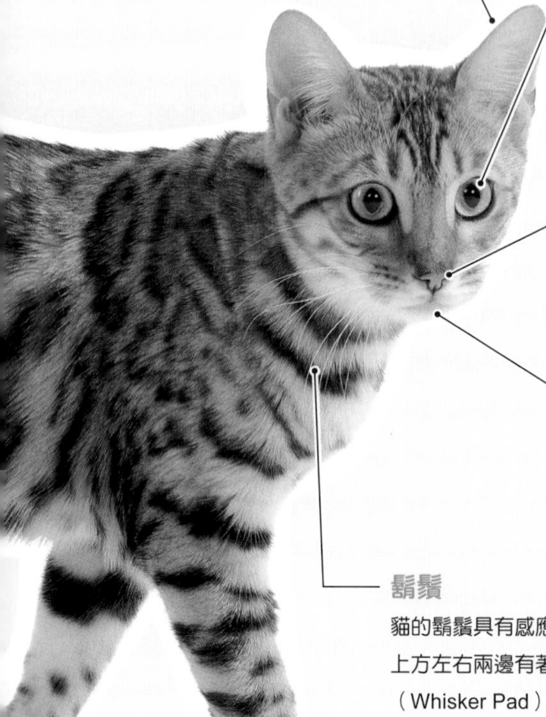

鼻子

可以用來分辨食物是否安全，以及來者是否為自己的夥伴。貓的嗅覺比人類厲害數萬至數十萬倍。

舌頭

貓的舌頭很粗糙，被舔到會有點痛。貓舌頭表面布滿類似細刺的構造，在舔毛時能夠當刷子使用。

鬍鬚

貓的鬍鬚具有感應功能，嘴巴上方左右兩邊有著稱為鬍鬚墊（Whisker Pad）的隆起部位，一共長有24根鬍鬚。

尾巴
貓走在狹窄地方或跳躍時，
會利用尾巴保持平衡。
脊椎
（或稱脊柱）
背部可靈活彎曲或
伸直。
腳
貓有四條腿，平常踮著腳尖
走路。靈活的前腳可用來爬
樹或捕抓、抱住獵物。後腳
比前腳長。
爪子
爪子平時收起，抓到獵物
或攻擊時才會伸出爪子。
© Shutterstock.com

貓的不思議

～日本與世界各地的貓傳說～

受人喜愛的貓，曾經有段時期被視為是妖怪或恐怖故事的邪惡角色。

◀比利時的伊珀爾每三年舉行一次的拋貓節。活動的起源是為了追悼中世紀被視為女巫使者而遭到迫害的貓。

◀日本浮世繪畫家歌川國芳的作品《東海道五十三對　岡部》。江戶時代（一六〇三～一八六七年）開始出現提到貓妖的故事與戲劇作品。

影像來源／日本國立國會圖書館

知識大探索

KNOWLEDGE WORLD

百變貓咪召喚機

哆啦A夢知識大探索

百變貓咪召喚機

目錄

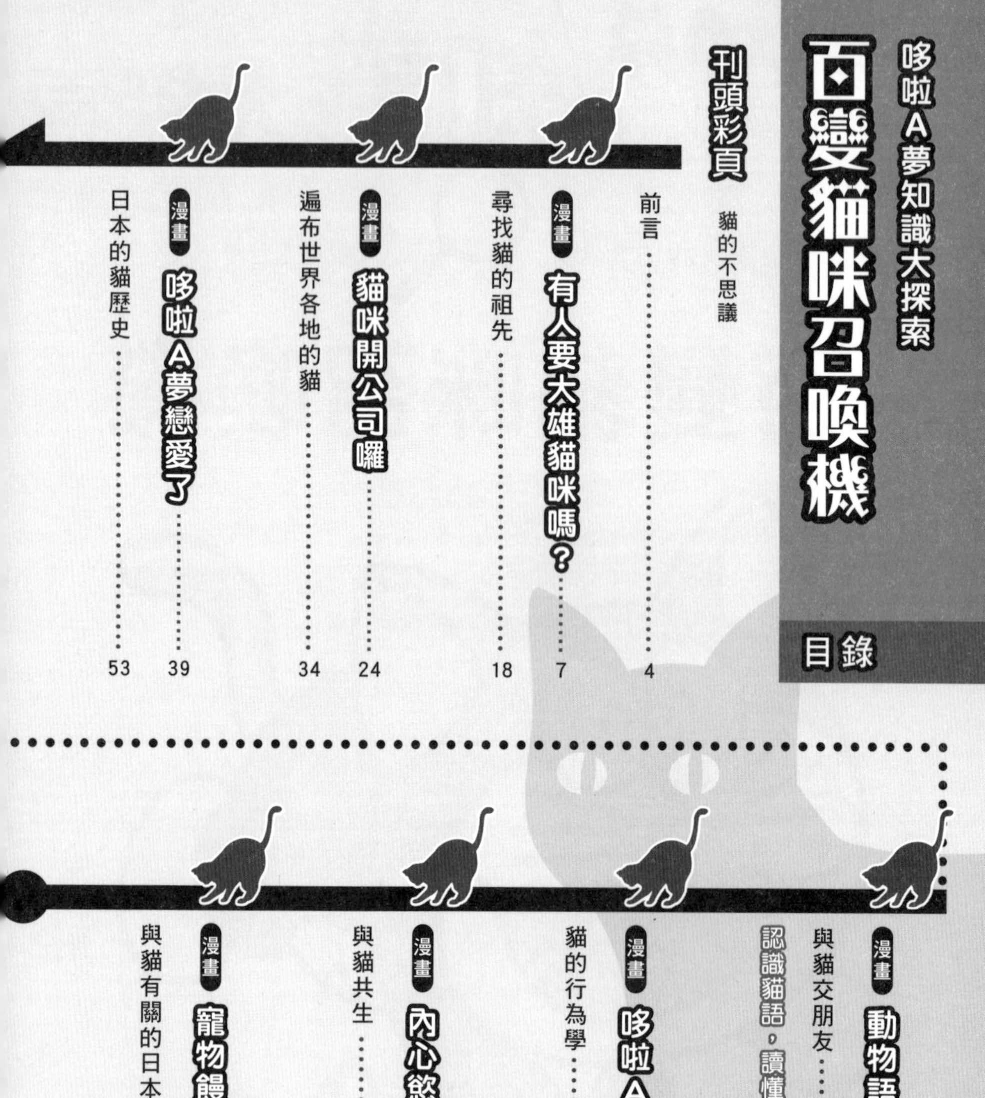

探索！

深入說明與貓有關的歷史與事件的專欄。

關於本書

〈哆啦A夢知識大探索〉是延續〈哆啦A夢科學任意門〉的全新學習漫畫系列。讀者看完哆啦A夢漫畫，接著閱讀漫畫後面的詳細說明，就可以了解漫畫探討的主題。各位，讓我們一起來探究事物本質，體驗深入了解某項事物的樂趣吧！

沒有特別說明的資料，均是2020年3月的內容。

前言

動物行為學家　**入交真巳**

各位此刻是帶著什麼樣的想法拿起這本書的呢？翻開這本書的時候，是否有些雀躍期待呢？與貓一同生活的讀者，或許是對貓的話題感興趣才翻開這本書；又或者是因為哆啦Ａ夢是貓形機器人，喜歡哆啦Ａ夢才打開這本書。我則是因為愛貓，所以寫這篇前言時特別開心。

我最早對貓這種動物產生興趣，是在小學的時候。我家附近住著一位鋼琴老師，他養了許多貓。那位老師養的貓生下小貓，我每次去上鋼琴課都很期待能夠看到那些可愛的小貓。然而，與貓玩耍固然幸福，我回到家之後卻眼睛發癢，得了結膜炎。我愛貓，卻在小學時得知自己對貓過敏，也因此家裡無法養貓。雖然養貓不行，不過我那時養過倉鼠。

我很喜歡動物，也很喜歡觀察動物的行為，想像牠們現在正在想什麼、為什麼做出這種舉動，於是我大學選擇獸醫系，成為獸醫。不過每次幫貓看診，我都會過敏，所以儘管愛貓，卻沒有養貓。

跟著我一起從美國回來的小太郎。

後來我去美國留學，學習專業的動物行為學。在我獨自住在公寓生活了大約五年之後，我朋友救了一隻車禍重傷的貓。那隻貓已經是成貓，後來骨折痊癒可以出院了，卻因為牠原本就是流浪貓，無家可歸。我那位救了牠的朋友很頭痛，我想說反正我的過敏症狀只是結膜炎而已，沒什麼大不了的，而且我是具有專業知識的獸醫，於是決定收養那隻貓陪伴我生活。那隻貓就這樣被我這個日本人收養，我替牠取名為「小太郎」。接下來我在美國生活的五年都有小太郎陪伴，我回日本時也帶著牠一起回來。

那是我第一次跟貓一同生活，真的過得很開心。我從貓身上學到許多，也認識了其他貓飼主。我和小太郎後來一起住在日本青森縣，但是很可惜，幾年後小太郎就因為淋巴腺癌離世了。

與小太郎同居時，我怕會過敏，所以打掃很勤快，也很注意環境清潔。一旦我身體狀況差，過敏症狀就會冒出來。多虧了小太郎，讓我開始注意自己的身體狀況，懂得適度休息。偷懶沒打掃時，過敏就會發作，所以我也養成了勤勞打掃的好習慣。

現在我跟「海之心」、「毛茸茸」這兩隻貓一起生活。

「海之心」原本是實驗用的血貓（捐血給其他貓使用的貓）；「毛茸茸」是還沒斷奶時，朋友在他家的空調室外機底下撿到的幼貓；當時牠與牠的兄弟們在一起。每隻貓的個性不同，喜歡的事物、向飼主撒嬌的方式也因貓而異。我仍在持續向我家貓咪們學習中。

這次的這本〈哆啦Ａ夢知識大探索〉系列，內容談的是各種與貓有關的小祕密。各位閱讀時也請想想並對照看看自己生活中的貓，或許會有新的發現。另外，書裡提到的內容，或許與你觀察貓之後的發現，或親眼看到的現象有所不同。這時請務必帶著懷疑，想想「為什麼？」「為什麼會不同？」「書裡寫的內容正確嗎？」並重新檢視貓咪。假如書裡寫的有錯，你或許可以繼續深入研究，或是試著觀察更多的貓。透過各位的觀察與發現，或許能夠找到與貓相關的全新事實。到時候就輪到你們來動手研究、寫書了！

來吧，接下來我們就一起出發，前往貓的世界探險。

左圖與上圖中的貓，是入交老師目前飼養的海之心（右）與毛茸茸。

影像提供／入交真巳

有人要大雄貓咪嗎？

又有小貓被棄養啦？

好可憐喔。
有人要帶回家養嗎？

我家不行！我家已經有養狗了。

我家也是，我家有純正血統的小貓耶。

我家已經有養金絲雀了。

我家有媽媽在……

都是小夫不好啦！說什麼有東西被丟這裡，要我們打開看看。
就是說啊。要是沒看到的話，現在就沒事了!!
真抱歉！再把它蓋回去不就得了！

別用怨恨的眼神看我啦。一定會有好心人來帶走你的。

等一下!!
我帶回去養好了!!

A 脊椎動物，而且是脊椎動物中的哺乳類動物。

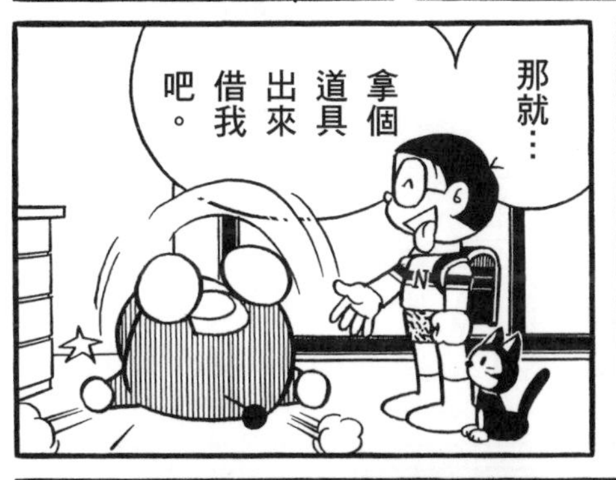

※ 砰砰砰

百變貓咪召喚機Q&A

Q 專家稱呼貓時使用的是下列哪個名稱？①主子 ②浪浪 ③家貓

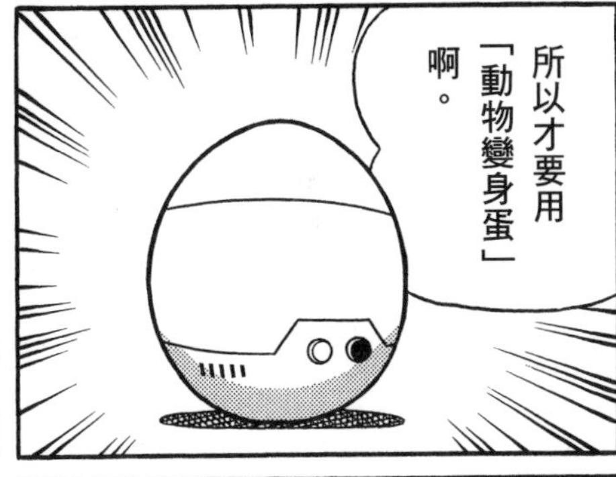

※噹

A ③不管是在外生活的流浪貓或養在家裡的寵物貓，全都稱為家貓。

大雄！
去看看郵差有沒有送信來。

去吧！表現的機會來了。
看我的！

謝謝……

呀啊－
是貓啊!!

從哪裡跑進來的？
快給我出去。

一定是大雄撿回來的吧。
不管你躲到哪裡都沒用!!

倉庫很可疑！
媽媽真敏銳！

喵～

百變貓咪召喚機Q&A

Q 包含家貓在內的貓科動物，大約有幾種？ ①12種 ②37種 ③66種

完蛋了啦。

就跟你說不可以進來屋裡了!!
怎麼這麼會亂跑……

照這種情況看來，要養小貓是沒希望了。
該怎麼辦才好？

只好找其他想要養牠的飼主了。
應該很難找得到吧？

午安。
要不要養小貓啊？

看起來不怎麼可愛嘛。
這只是樣本而已，要是您想養的話，我會把可愛的那隻帶來。

我討厭貓。
是喔。

再不快點回家的話，不知道粗暴的媽媽，會對小貓做出什麼可怕的事來……

A ② 37種。其中還包括人稱「大貓」的獅子和老虎。

※噠噠噠

Q 家貓的祖先是下列何者？①非洲野貓 ②叢林貓 ③歐洲野貓

拍馬屁也沒用！
現在趕快離開吧!!

請問有人在家嗎？
來了。

哎呀~好可愛的小貓。
部長夫人!!
喵~

我剛好到附近，順便過來打個招呼。
我家先生一直承蒙您的照顧，謝謝。

來，請坐。
喵~

我和我先生都很喜歡小貓，你們家也是嗎？
是、是啊！當然……

這樣行不通啦……
小貓現在大概已經被趕出去了吧…

這不是小黑嗎？

A ①非洲野貓。家貓的直系祖先據說是住在非洲北部、中東、和西亞一帶的非洲野貓。

百變貓咪召喚機Q&A

Q 貓科動物的祖先是下列何者？①鼬鼠 ②小古貓 ③阿爾貓

A ②小古貓。據說曾經存在於距今約六千五百萬到四千八百萬年前。

尋找貓的祖先

前頁漫畫裡，大雄對於媽媽討厭動物，只表示：「那是因為媽媽不曉得貓狗的可愛之處」、「只要讓媽媽了解與動物相處的樂趣，他就會喜歡了」。貓從很久以前就在我們身邊生活，牠們到底是從哪裡來的？是什麼時候開始與人類一起生活？我們來看看貓的歷史吧。

貓和我們人類一樣屬於哺乳類動物，擁有兩個與其他動物不同的特徵

貓在動物的分類上，與我們人類同樣屬於動物之中的哺乳類。哺乳類動物的特徵主要有兩個，一個是身上大多有毛髮覆蓋或身體某部分長有毛髮，以維持體溫恆定。毛髮的用途也是為了保護身體。

第二個特徵是，哺乳類動物多半會在母體內成長到某個程度才會出生，並且靠吸食母乳長大。除了貓狗之外，兔子、大象、鯨魚等也是如此。但也有會下蛋的哺乳類動物，例如：鴨嘴獸和澳洲針鼴，都是藉由生蛋產子。只是牠們會以乳汁餵養幼獸，這點與鳥類不同，是相當罕見的哺乳類動物。

屬於哺乳類動物的貓，無論是被人類養在家裡的寵

插圖／柴崎 HIROSHI

▲鴨嘴獸會生蛋，卻屬於哺乳類。

動物的分類

- 動物
  - 脊椎動物
    - 魚類
    - 兩生類
    - 爬蟲類
    - 鳥類
    - 哺乳類
  - 無脊椎動物

物貓或是在外面生活的流浪貓，專家都稱為家貓（*Felis Silvertris catus*），在分類上是貓目貓科貓屬的肉食動物。本書除了說明家貓歷史時稱「家貓」之外，其他時候一律按照一般方式稱「貓」。

獅子和老虎也屬於大型貓科動物

目前包含家貓在內的貓科動物，據說總共有三十七種。貓科動物多半在森林裡生活、狩獵、捕捉獵物。包括人稱大貓的獅子和老虎，到體長只有大約三十五～五十公分的黑足貓（*Felis nigripes*），通通都屬於貓科動物。

貓科再進一步細分底下還有貓屬，家貓也是其中一類。除了家貓之外，前面提到的黑足貓、沙漠貓（*Felis margarita*）、荒漠貓（*Felis bieti*，又稱中國山貓或草猞猁）、叢林貓（*Felis chaus*）、非洲野貓（*Felis lybica*）、歐洲野貓（*Felis silvestris*），都是貓屬。這些貓屬是貓科動物之中最接近家貓的夥伴。貓屬動物的外型也的確與家貓十分類似。

▲貓科動物中體型最大的是老虎。

▲速度最快的獵豹也是貓科動物。

◀獅子是貓科中少見的群居動物。

▼非洲野貓

影像來源／ Vassil via Wikimedia

▼沙漠貓

影像來源／ TimVickers via Wikimedia

▼黑足貓

影像來源／ Patrick Ch. Apfeld, derivative editing by Poke2001 via Wikimedia

▼荒漠貓

影像來源／ Shutterstock.com

▼叢林貓

影像來源／ Maria-Teresa Cortes Garcia, EERC Sofia Zoo via Wikimedia

▼歐洲野貓

影像來源／ Luc Viatour via Wikimedia

在多種斑貓之中 非洲野貓是家貓的祖先

我們試著追溯家貓的祖先，發現就是野生斑貓，但斑貓也有好幾種。斑貓是從沙漠貓分支出來，包括荒漠貓、歐洲野貓、非洲野貓等。經過無數的研究，我們得知家貓的祖先就是現在棲息在非洲北部、中東、西亞等地的非洲野貓。比對牠與家貓的DNA後，發現兩者的血緣最接近，因為兩者的DNA幾乎大同小異。

不排斥與人類一起生活的 非洲野貓馴化

非洲野貓會捉老鼠。牠們追著偷吃人類糧食穀物的老鼠跑，漸漸也就融入了人類的生活。

非洲野貓與其他的斑貓相比，個性比較穩重，很快就習慣了與人類相處，人類也對等接納了會幫忙抓老鼠的非洲野貓。而對非洲野貓來說，與人類待在一起，除了可以增加抓到老鼠的機會，還能夠獲得人類多餘的食物。因為對人類生活有用處而飼養的動物，稱為「家畜」。非洲野貓選擇了與人類一起生活，成為家畜，我們認為家貓應該就是這樣來的。而且根據最新的研究顯示，當初是貓先主動靠近人類，並不是人類抓住野生的貓之後加以馴化。

◀非洲野貓

影像來源／Vassil via Wikimedia

也就是說，即使生活在室外，貓也不是野生動物，而是與人類一起生活的「家畜」。

現代的貓或許看起來成天都在睡覺，不過在以前的時候，牠們是很活躍的在替人類抓老鼠。這就是野貓馴化、開始與人類一起生活的歷史背景。

◀家貓

影像來源／Emőke Dénes via Wikimedia

影像來源／Muséum national d'histoire naturelle (France) via Wikimedia

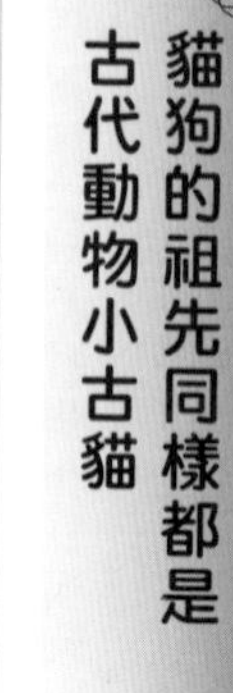

貓狗的祖先同樣都是古代動物小古貓

▲小古貓的想像圖。

那麼，我們再來繼續追本溯源，看看非洲野貓的祖先吧。

距今大約六千五百萬到四千八百萬年前，有一種動物叫小古貓，據說牠們就是非洲野貓的祖先。當時的地球正值恐龍滅絕、哺乳類開始逐漸增加的時期。

小古貓的體長大約二十到三十公分，細長的外觀看起來很像鼬鼠。據說住在平原的小古貓成為狗的祖先，而住在森林裡的小古貓成為貓的祖先，各自演化。也就是說，狗和貓是來自相同的祖先。很令人驚訝吧？

小古貓演化後出現了分支，再由非洲野貓馴化，發展成為我們今日寵愛的家貓。

冷知識

認識貓的學名

前面說過，不管是有人圈養的寵物貓還是在街上生活的流浪貓，都同樣是「家貓」。有人養的貓在英文叫做 domestic cat。專家稱家貓則會使用拉丁文學名 *Felis silvestris catus*。

探索！

日本過去存在的歐亞猞猁，以及現在仍存在的野生斑貓

我們已經知道斑貓是家貓的祖先。那麼，日本有斑貓嗎？在日本繩文時代（約西元前一萬四千年至西元前十世紀）的遺跡中，發現許多某種斑貓的骨骸。那是稱為歐亞猞猁的野生貓科動物。

歐亞猞猁是大型斑貓，繩文時代大量分布在日本各地。青森縣的尻勞安部洞窟遺跡等地方都曾經發現為數眾多的歐亞猞猁骨骸。

但是日本已經沒有野生的歐亞猞猁，只能在動物園看到。

現在棲息在日本的野生斑貓中，有西表山貓和對馬山貓這兩種。這兩種斑貓的數量都很少，在日本環境省（相當於台灣的環保署）訂定的可能滅絕野生動物名錄中，兩者均列入「紅色名錄」，意思就是瀕危物種。

西表山貓只棲息在沖繩縣的西表島。根據最新調查顯示，大約僅剩下一百至一百零九隻。西表山貓最吸引人的地方，就是較一般家貓略長的體型，以及有點短的腿。

對馬山貓只棲息在長崎縣的對馬。調查顯示可能僅存七十至一百隻，但沒有確切的數據。

因為人類的開發，使得牠們生活的森林範圍縮小，原本在那兒的老鼠也不見了；再加上被車撞死，或是遭到人類飼養的家貓傳染疾病，導致這些野生斑貓的數量越來越少。

西表山貓和對馬山貓都因為數量稀少珍貴，而被列為日本的天然紀念物，不能當家貓飼養。牠們是日本民眾必須保護的野生動物。

影像來源／Pontafon via Wikimedia

▶對馬山貓

▶西表山貓

影像來源／Momotarou2012 via Wikimedia

貓咪開公司囉

鼾……

時間差不多了。

鼾……

ムクリ

※ 坐起

鼾……

ゴシゴシ

※ 咕嚕咕嚕

鼾……啊唔。

哎呀？大雄今天準時起床了。

每天早上都這樣就好了。

鼾……

※呵啊～
ファア～ァ

※啊！
睡過頭了！

哇啊～
得快點去洗臉吃早餐……去上學才行啊！

你不是都做完了，現在正要去學校嗎？

啊——對喔！
因為昨晚戴了「定時器」。

只要戴了這個「定時器」，每天就能自己準時按照預定的時間去做預定的事。

所以今天不會遲到了。

早安。
早……

A ③神祇。古埃及人十分重視貓，甚至把死去的貓做成木乃伊。

※喵～喵～

竟然已經答應了，就得負起責任。

趁媽媽不注意……
去拿食物……

※噠噠噠
ダダダ

一切順利。

竟想瞞著我養貓，
你想得太美了！

在丟掉之前……
都不准回家……

你們有要養貓嗎？

百變貓咪召喚機Q&A

Q 二〇〇四年在賽普勒斯島的遺跡發現大約九千五百年前的貓遺骸，呈現出什麼狀態？

A 與人類合葬。研究人員認為當時的人很重視貓，把貓視為家人。

※叮～

百變貓咪召喚機Q&A

Q 古埃及時代的貓城是指哪裡？

※砰

這下糟了…
哆啦A夢，怎麼辦？
喵喵
※喵喵

拿四個「定時器」出來做什麼？
裝在貓身上。

做實驗。
如果順利就好了。

你要牠們做什麼？
等著看吧。
還剩五分鐘。

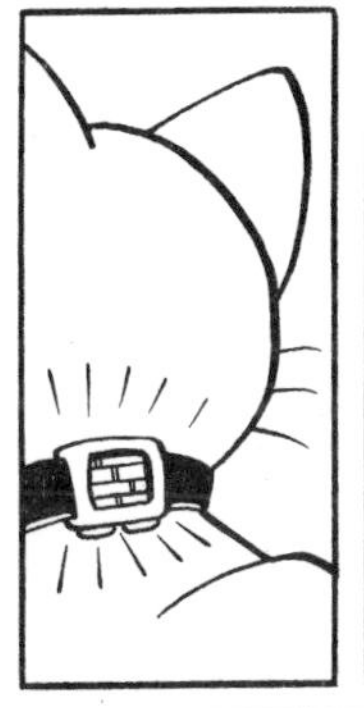

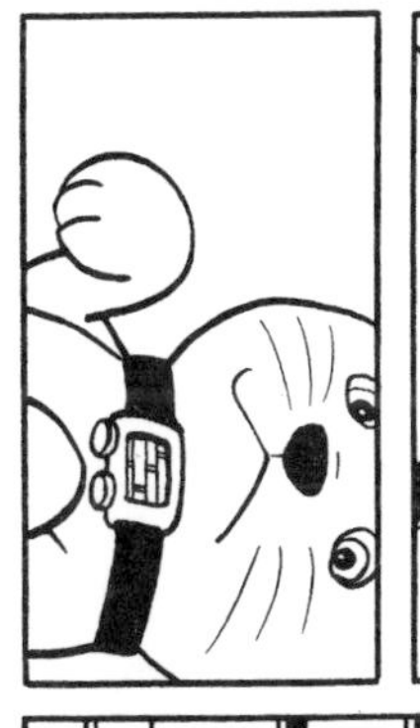

啊，鑽進櫃子裡了。

A 布巴斯提斯（Bubastis）。那座城鎮甚至還有貓神的神廟。

百變貓咪召喚機Q&A

Q 古埃及時代與製作木乃伊有關的神「阿努比斯」，擁有什麼動物的頭？

※ 霹哩啪啦

※ 砰砰、咚咚

A 狗。古埃及重視狗的程度與貓差不多。

※喵～喵～

遍布世界各地的貓

假如跟漫畫裡一樣，從很早以前就是人類生活小幫手的貓咪們成立公司的話，情況會是如何呢？我已經說過我們寵愛的貓——家貓，是由非洲野貓馴化而來。這些家貓是在什麼時候、從哪裡，又是透過什麼方式遍布全球的呢？讓我們來看看更具體的說明吧。

被視為家人與人類合葬的貓

非洲野貓是從何時開始、又是在哪裡被馴化變成家貓的呢？

這個謎團至今尚未解開。不過根據各項研究，我們已經有初步的認識。過去的科學家認為，非洲野貓成為家貓是在古埃及時代（約西元前三千至西元三十年），但事實上現在有發現顯示，人與貓在更早的時候就已經相遇。

二〇〇四年，在地中海的賽普勒斯島上，距今約九千五百年前的席魯羅坎博斯（Shillourokambos）遺址，發現了與人類一起埋葬的非洲野貓骨骸。可以推測在那個時候對人類來說，貓已經是重要的家人。

但是經過調查後也知道，賽普勒斯島上原本並沒有非洲野貓，很有可能是從其他地方來到這裡。

在大約同一個時代，也就是距今大約一萬年前到九千五百年前，人類在地中海東側，也就是中東地區的底格里斯河、幼發拉底河流域的美索不達米亞平原附近（現在的伊拉克一帶）定居，開始過著農耕生活。因此推測人類或許是為了趕走破壞作物的老鼠，選擇與非洲野貓一起生活。所以有人從那兒帶著貓登上賽普勒斯島。

我們無法確定非洲野貓在這個時候是否已經成為家貓，不過家貓的歷史可以說就是由這裡展開。世界知名的英國動物學家克魯頓布羅克（Juliet Clutton-Brock）曾說：「貓馴服了人類。」人類從遇上貓的那一刻起，就把貓視為珍寶。

貓在古埃及時代是神

埃及留下了許多貓受到人類寵愛的證據。

古埃及人十分重視貓，因為貓能夠幫忙捉老鼠等會吃掉人類糧食的動物。另外也曾經發現貓的墳墓，還有貓的木乃伊、貓的壁畫、貓的雕像。

古埃及有把各式各樣動物和昆蟲視為神祇崇拜的風俗，貓也是神格化的動物之一。尤其是貓被視為特殊的神明，能夠保護人類遠離疾病、意外、動物襲擊等。

影像來源／Louvre Museum via Wikimedia

▲貓神芭絲特的雕像。

影像來源／Larazoni via Wikimedia

▶石棺上刻著古埃及第十八王朝法老阿蒙霍特普三世（在位時間西元前一三八八年至一三五一年左右）與王后泰伊的長子圖特摩斯王子飼養的貓的壁畫。

後來他們認為貓是代表愛與美的豐饒（穀物等豐收）女神哈索爾（Hathor）變成的動物。後來，貓也被當成是芭絲特（Bastet）女神。擁有貓頭造型的芭絲特女神據說會保護古埃及法老與其家人，帶來幸福，也會保佑熱愛音樂與舞蹈的人。

▲古埃及的壁畫中，貓指揮著一群鵝。　影像來源／Wikimedia

冷知識

古埃及也很重視狗

其實在古埃及人們重視狗的程度並不會輸給貓。擁有一張狗臉的阿努比斯，是古埃及的冥界之神。而且負責製作木乃伊的阿努比斯，也是古埃及民眾信仰的醫學之神。

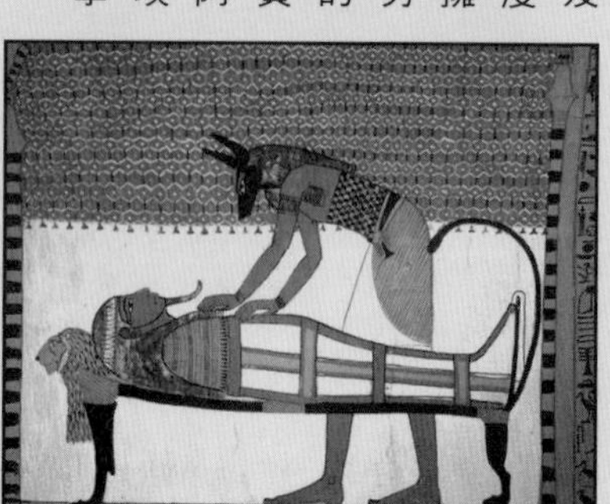

▲阿努比斯正在製作木乃伊的壁畫。

影像來源／Wikimedia

貓神廟與貓神像，到處都是貓的古城布巴斯提斯

我們仍然陸續從古埃及發現與貓有關的事物，那時甚至有貓神廟。距離埃及首都開羅東北方約八十公里處，一個叫特爾巴斯塔（Tell-Basta）的城鎮，在古埃及時代稱為布巴斯提斯（Bubastis），意思是「芭絲特女神的家」。

這裡在古埃及也是芭絲特女神信仰的中心。與芭絲特有關的神廟都裝飾著許多貓雕像，聽說甚至還有用來收容真貓的建築物。這裡也販賣許多貓外型的芭絲特女神護身符。布巴斯提斯是一個處處都有貓的城鎮。

▲古埃及的布巴斯提斯遺址，在那裡還發現了貓墓園。

影像來源／ Einsamer Schütze via Wikimedia

與人類一樣製成木乃伊的貓

從埃及其他芭絲特神廟遺址，如亞特米多斯（Speos Artemidos）、薩卡拉（Saqqara）等，也找到許多貓木乃伊和貓雕像。

製作木乃伊是為了讓死去的人與動物得以復活，故保存其生前的模樣。將死去的人與動物的內臟等部位挖出來鹽漬後晾乾，再塗上樹脂（從樹木取得的松香）、植物製漿糊，以及植物油等混合製成的防腐劑，避免腐爛。最後捲上布，就完成了可以保存幾千年的木乃伊。

古埃及人也希望死去的貓能夠復生，或許是因為他們把貓視為重要的家人，也或許是把貓當成守護家人的芭絲特女神化身。

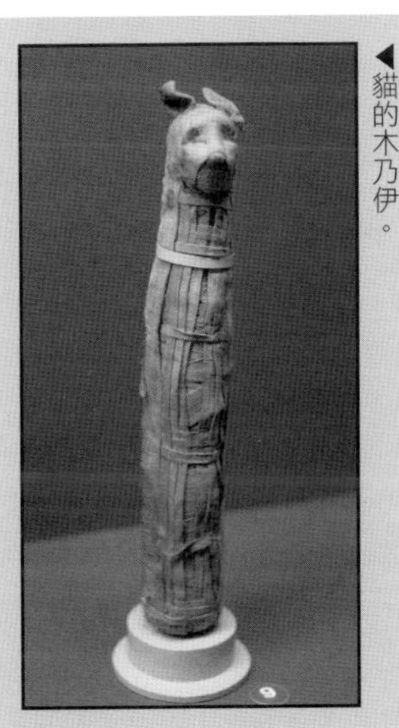
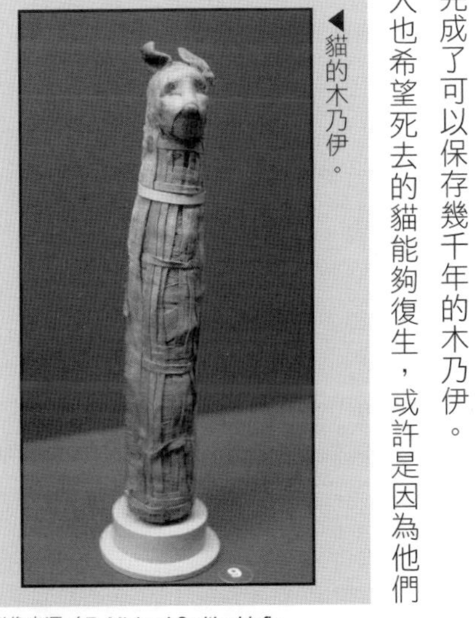

◀貓的木乃伊。

影像來源／ E. Michael Smith chiefio via Wikimedia

被偷偷帶出埃及的貓跟著人類一起旅行全世界

貓在古埃及的社會中擁有非常特殊的地位，因此據說禁止攜出國外。但是，當時與埃及貿易往來的周邊國家商人，偷偷把貓帶回自己的國家。對他們來說，貓也是能夠保護糧食不受老鼠侵害的動物。

後來，貓在古希臘、羅馬時代也逐漸普及。羅馬帝國（西元前二十七年至西元一四五三年分裂後滅亡）把軍隊送往歐洲各地，拓展帝國版圖，幫忙保護人類糧食的貓當時也跟著一起遠征。再加上羅馬帝國也與亞洲各國進行貿易，攜帶大量食物長途旅行，自然也需要帶著貓，保護糧食遠離老鼠的破壞。

進入十五到十七世紀的大航海時代，貓搭船移動已經沒什麼稀罕。貓就這樣跟著人類去旅行，逐漸遍及世界各地。

▲雅典國立考古學博物館收藏的貓狗對峙浮雕。
據說是大約西元前 510 年的作品。

© DeA Picture Library ／ PPS 通信社

哆啦A夢戀愛了

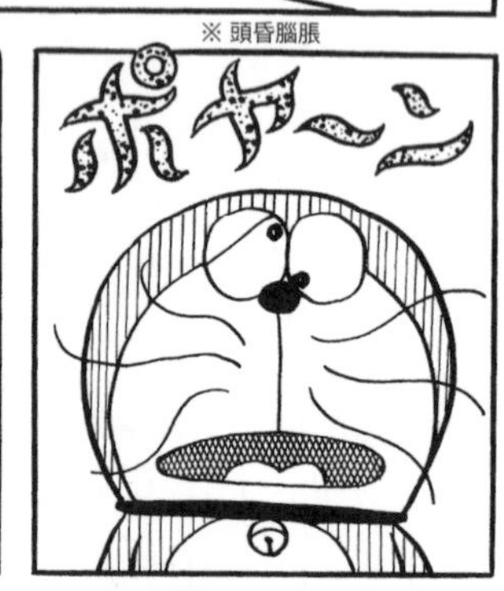

百變貓咪召喚機Q&A

Q 《日本靈異記》中的貓，寫成下列哪個漢字？①犬 ②狐 ③狸

A ③狸。據說貓傳入日本時，中國把貓寫成「狸」，因此日本古時候也寫成「狸」。

百變貓咪召喚機Q&A

Q 日本平安時代（西元七九四至一一八五年）宇多天皇養過什麼花色的貓？①白 ②黑 ③三花

※ 噗哧

A

②黑貓。他在自己的日記中提到那隻貓的毛潤澤豐盈，體態優美。

※ 驚！

※緊張顫抖

※抖、抖、抖、抖

※咚、滾落

百變貓咪召喚機Q&A

Q 日本平安時代用什麼東西來綁貓？①細棉繩 ②鎖鏈 ③草繩

A ① 細棉繩。據説一般習慣用紅繩。

百變貓咪召喚機Q&A

Q 德川幕府時代（西元一六〇三至一八六七年）綱吉將軍提出的保護動物相關政策稱為什麼？

A 生靈憐憫令。這項禁止殺生吃肉的法令，象徵著將軍重視動物生命更勝過人命。

要送牠什麼禮物好呢？

柴魚片好了。

會被罵喔。
無所謂。

誰叫我老是受你照顧嘛。
做這點小事是應該的。
感、感激不盡……

真令人感動！
撲！

送禮物製造機會後，要講些有趣的話題，吸引對方注意。
先在這裡練習看看。
有趣的話題？要講些什麼才好？

今……今天真是中上氣呢……

不要再說天氣了。
今天真是不錯的天氣呢。

換個話題啦。
關於公害的問題。

百變貓咪召喚機Q&A

Q 貓是如何來到日本？ ①自己游泳來 ②坐船 ③搭竹筏

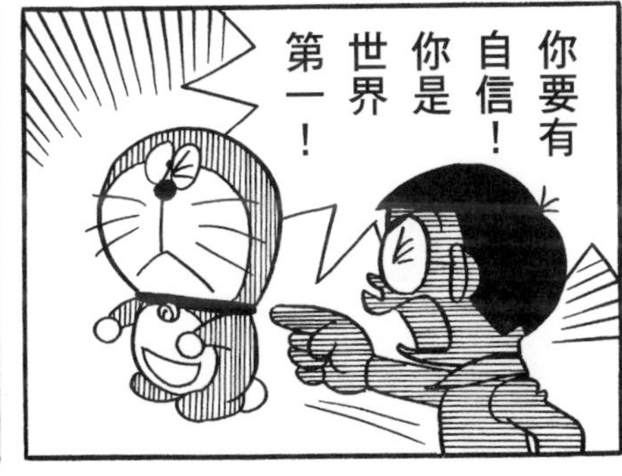

A ②坐船。從中國運送佛教相關經典到日本時，為了捕鼠，把貓一起帶過來。

百變貓咪召喚機Q&A

Q 日本最早的家貓骨骸據說是在長崎縣發現的，這是真的嗎？

A 是的。在長崎縣壹岐島的香良加美遺址發現。

怎麼這樣啊？

接下來我該怎麼辦？
囉唆！自己看著辦啦！

真不負責任。

喵～（怎麼了？有事就快說啊！）

喵～（當朋友？好啊。）

走開啦！吵死了！

喵喵～

日本的貓歷史

就像哆啦A夢會和貓談戀愛一樣，歷史上也能看到古埃及和世界各地都曾經很重視貓。當然，在這方面，日本也沒有輸給世界上其他國家，這裡將介紹日本的愛貓人士。

貓是狸貓？出現在平安時代典籍裡的貓

已知貓在奈良時代（西元七一〇至七九四年）已經來到日本。最早出現在紙本紀錄之中，是在平安時代初期，弘仁年間（西元八一〇至八二四年）完成的《日本靈異記》這本書裡。這本書收錄了因佛祖力量善有善報的故事，內容提到飛鳥時代（西元五三八至七一〇年）的豐前國宮子郡（現在的福岡縣京都郡）這個地方，有一名當官的男人猝死，後來死而復生說起自己在死後世界的見聞。男人死後很快就在冥界與過世的父親重逢。父親告訴他待在地獄的飢餓與痛苦，此時卻提到貓；父親說自己第一年變成大蛇，第二年變成狗，去兒子家卻不得其門而入，直到第三年變成貓，才終於進得了兒子家，得到食物。

但是這則故事中，使用的不是現在用的「貓」這個字，而是「狸」。中國原本把貓寫成「狸」，這個習慣也傳到日本來。至於狸貓在中國則寫為「貉」。

▶變成貓，才終於得到想要的食物。

插圖／柴崎 HIROSHI

最愛貓的宇多天皇寫過貓咪觀察日記

這不是故事，而是實際的養貓紀錄。平安時代的宇多天皇（在位期間西元八八七至八九七年）在日記《寬平御記》中寫到自己飼養的貓寶貝。

那隻黑貓是他過世的父親光孝天皇送給他的，來自中國，當時稱為唐貓，價值相當昂貴。宇多天皇十分小心翼翼的照顧，每天餵貓吃用牛奶製作的高檔「乳粥」。

日記中提到那隻貓身形優美，體態流線，比任何貓都擅長捉老鼠，敘述的全都是讚美。當中還寫到牠的黑眼珠小而圓，就像黑顆粒的穀物；照到光的時候，貓的黑眼珠就會變得像針一樣細，另外還提到牠伸出的爪子像弓。連貓的動作與身體模樣都仔細觀察，看來他真的很寵愛那隻貓呢。

© Shutterstock.com

▶宇多天皇的貓據說擁有漆黑如墨的毛色。

平安時代的貴族也愛貓 許多故事和日記中都有出現貓

清少納言的隨筆《枕草子》（於西元一〇〇一年左右寫成）中也寫到，一條天皇（在位期間西元九八六至一〇一一年）將他養的貓取名為「貴婦人」，而且十分寵愛牠。被稱為貴婦人就表示這隻寵物貓是母貓，也可以得知牠被視為高貴的貓，天皇很重視牠。這隻貓甚至被賜予官位，還有專職照料牠的保母。

某天，貴婦人正在睡午覺，狗卻一直吵著要進屋，也不聽保母的勸阻。貓大概有點被狗嚇到，逃進了一條天皇的懷裡。天皇很氣憤，於是把狗流放到外島，保母也因此被辭退。可憐兮兮的狗後來回來時，已經是處於身負重傷的瀕死狀態。

紫式部的小說《源氏物語》中也有貓。在〈若葉〉這一章裡寫到，女三宮養的寵物貓在玩耍的模樣。

其他還有許多平安時代的日記、小說等，也都介紹過從中國來到日本的貓。貓在當時是貴族珍貴的寵物，紅色項圈則是這些寵物貓的必備裝扮。

順便補充一個，在《台記》這本日記中寫到，平安時代的貴族藤原賴長（西元一一二〇至一一五六年）用衣袍包裹自己那隻十歲的貓屍體，放入棺桶埋葬。

插圖／柴崎 HIROSHI

▲一條天皇的貓取名為「貴婦人」，甚至被賜予官位。

日本最早出現在畫裡的貓 戴著紅色項圈的黑白貓

日本的繪畫裡最早有貓出現，大約是在平安時代尾聲，在十二世紀創作的《信貴山緣起繪卷》裡，日本政府已經把這個流傳下來的卷軸列為國寶。卷軸裡畫的是日本奈良縣的信貴山朝護孫子寺，畫裡出現的黑白貓戴著紅色項圈，窩在店鋪棚子上盯著來來往往的百姓瞧。

後來，有貓出現的繪畫越來越多。京都高山寺收藏的國寶《鳥獸人物戲畫》（繪於十二至十三世紀）中描繪的貓，戴著烏紗帽，模樣像是貴族或神社的神主。或許貓在當時老百姓的眼裡，比其他動物還要尊貴。

▼日本京都高山寺收藏的國寶《鳥獸人物戲畫》（部分）。

影像提供／伝鳥羽僧正作 via Wikimedia

原本被綁住的日本貓有了不一樣的飼養方式

貓已經是日本人很熟悉的動物，但就像前面看到的，寵物貓大多都是脖子上綁著牽繩。

然而，在即將進入江戶時代時，貓的飼養方式有了改變。慶長七年（西元一六〇二年），京都的布告欄上貼著一張告示，負責維護京都治安的奉行（類似中國古代的衙門）公告大家：「解開綁住貓的繩子」、「禁止買賣貓」。這些內容在當時的史料裡都有記載。

▲以前養貓多半是綁著。

政府禁止百姓綁貓，貓能夠自由進出，卻也因此導致許多貓在外頭迷路，被帶走，或是被狗追。甚至還有給鄰居造成麻煩，造成兩戶人家大打出手，演變成嚴重事端的情況。

流浪貓的增加，或許也是當時的政令宣導放貓自由的緣故。

動物的命比人命更重要熱愛動物的將軍頒發的法令

日本史上以愛動物聞名的德川幕府第五代將軍綱吉，在貞享二年（西元一六八五年）頒布了與貓狗等動物保護有關的法令「生靈憐憫令」。這項法令將動物視為比人命優先，因此招來惡評。綱吉是戌年出生，尤其重視狗，因此後世稱他為「犬公方」。不過在他死後，這項法令也就跟著被廢止了。

為了保護重要的佛經不被老鼠破壞搭船來到日本

如今遍布全世界的貓，究竟是在何時、以什麼方式來到日本的呢?奈良時代（西元七一〇至七八四年），日本從中國進口很多東西。在六世紀中期由中國傳來日本的佛教，在當時相當興盛，佛教經典也大批的從中國透過船隻運送過來。問題是，老鼠會跑上船咬壞珍貴的佛經。因此後世認為貓就是那個時候用來捉老鼠，所以一起帶上船，跟著佛經來到日本。

二〇〇七年在日本兵庫縣的見野古墳群，發現印有貓腳印的「須惠器」陶器。這應該是在燒製陶器前，黏土未乾時，被貓踩了上去的吧。見野古墳群是建於六世紀後期到七世紀左右的墳場，也正好就是與佛教傳入日本的時代。

第一隻來到日本的家貓

但是，或許貓是在比佛教傳入日本之前更早的時候，就已經來到日本。

二〇〇八年，在日本長崎縣壹岐島的香良加美聚落遺跡中，找到幾個與其他動物骨頭混在一起的貓骨骸，這些骨骸是生活在距今約兩千一百年前的家貓骨頭。由此可知，貓在當時就已經來到日本。

這些貓骨骸是在日本發現、最早的家貓骨骸。香良加美遺址的「香良加美」寫成漢字是唐神或韓神。過去，中國稱「唐」，朝鮮半島稱「韓」，而這個聚落的名字與外國的神明有關，因此這隻貓應該也是從中國或其他國家搭船來到島上。

但是當時還沒有太多貓來到日本，所以貓大量來到日本，或許應該還是佛教傳來的時候。

▲為了保護佛經搭船過來的貓。

兩幅插圖／柴崎 HIROSHI

一模一樣的寵物食品

一模一樣的寵物食品
新發售
我們是真正的家人喔
哇!!

人面犬!!
原來真的存在啊!!

快點，快點，你看!!
啊，這張傳單啊。

只要讓動物吃下去，臉就會變得跟餵牠的人一模一樣……

也就是想讓寵物變得跟家人一模一樣的飼料啦。
好像很有趣!!

有夠無聊。
啊……

有著人臉的寵物感覺很噁心耶。

Q 中世紀在歐洲遭到迫害的貓是哪種貓？①三花貓 ②白貓 ③黑貓

※咚

※掉落

A ③黑貓。黑貓被視為是女巫的使者，因而受到迫害。

百變貓咪召喚機Q&A

Q 比利時有一個與貓有關的特殊慶典，是幾年舉行一次？

A 三年一次。在伊珀爾盛大舉行。

我本來打算想讓靜香開心的。

對了!!
得快點找到金絲雀才行…

我回來了……
？
請問你是誰？
剛才送來的寵物食品，
不知道您是否滿意呢？

咦？大雄買了「一模一樣的寵物食品」!?

所以呢，我是來收取費用的。

然後呢，他已經用過了嗎？
那我就不知道……

他竟然又擅自給我做這種事！

竟然在那種地方轉來轉去。

A 芙蕾雅。稱為芙蕾雅的貓車。

※ 掉落

※ 掉落

※ 掉落、掉落

百變貓咪召喚機Q&A

Q 「貓又」是什麼樣的妖怪？①狗臉 ②兩條尾巴 ③沒有五官

A ②兩條尾巴。據說是年紀很大的老貓變成的妖怪。

真是怪了……
電視台跟報社的人一個都沒來。

發現一隻既不是人也不是動物、長著一張怪臉的狗。快趕去那邊！
了解！
夕日電視台

有一隻臉很怪的貓耶！
怪臉蟑螂啊！
發現怪臉烏鴉了。
怪臉人!!

話說回來，剩下的寵物食品呢？
!?

在動物園出現了怪臉象、怪臉鱷魚、怪臉猩猩引起了極大的騷動……

都是你的錯!!

明明就是你自己撒的!!

在恐怖故事中參一腳的貓

從美索不達米亞文化、古埃及開始，乃至古希臘、羅馬，還有一部分是因為羅馬帝國為了遠征與貿易而航海等，貓在大約一千年前遍布整個歐洲。貓很可愛，被視為寶貝寵愛，然而看法相反的時代卻緊接著到來，你也可以說那是貓的黑暗時代。人們開始認為貓就像在漫畫《寵物饅頭》裡那樣能夠變身，或甚至開始害怕貓。這裡將介紹關於這些的內容。

貓的身體構造是很神祕？還是很可怕？

說起來當初人們為什麼會不再認為貓很可愛、很神祕呢？這可能與貓的身體構造有關係。貓在暗處也能看得很清楚、活動自如，而且貓走路幾乎不會發出聲音，因此即使靠近獵物也不會被發現。

貓的瞳孔形狀會隨光線不時改變、眼睛會在暗處發光、走路不會發出聲音，這些對貓來說都是重要的身體構造。但是人類卻因此以為貓與惡魔有關，或認為貓就是怪物。

基督教的推廣改變了人類對貓的看法

基督教在歐洲普及之後，不承認其他宗教。在基督教普及之前，日耳曼人信仰的是北歐神話。在北歐神話裡，有芙蕾雅女神用貓拉戰車。然而在基督教普及之後，基督教以外的宗教全面遭到否定，於是貓也隨著北歐神話一起遭到迫害。

毛色易於融入夜色的黑貓，尤其讓人覺得神祕。在基督教普及之前，歐洲凱爾特民族的神話中，有出現過黑貓外型的貓妖精（Cat Sith），民眾相信牠是會說各國語言的聰明妖精。但是，與北歐神話的下場一樣，凱爾特神話也同樣遭到基督教消滅。

▲替芙蕾雅女神拉車的貓。 影像來源／Nationalmuseum(Photo:Nils Blommér), via Wikimedia

黑貓是惡魔的化身？與女巫扯上關係的黑貓

最極端的例子是西元一二三二年，當時身為基督徒，地位最崇高的教宗額我略九世，下達了消滅黑貓的正式命令。消滅的理由是基督教之外的宗教都很重視黑貓，所以黑貓肯定是惡魔的使者。

只因為與基督教以外的宗教扯上關係，貓，特別是黑貓，就成了女巫的黨羽。

影像來源／Wikimedia Commons

▲ 17 世紀美國也發生過塞勒姆審巫案。

中世紀對貓來說是倒楣的時代 民眾視貓為女巫的使者而恐懼

到了十五世紀末，歐洲人更進一步加劇對貓的虐待，

迫害與日俱增。

當時的歐洲，與女巫有關的迷思相繼出現，因此有人發起「獵巫行動」。他們認為女巫能夠施咒下毒殺人，即使沒有證據，只要有人認為這個人是女巫，就會以火刑燒死對方。貓被視為是女巫的使者，人人懼怕，因此也跟著女巫一起被火燒死，甚至只要有養貓，就會被認為是女巫。那樣的迫害一直持續到十八世紀科學發展，才確定那些指控都只是沒有根據的迷信。

▲比利時伊珀爾的拋貓節活動。

上圖是位於比利時的小鎮伊珀爾，當地每三年會舉行一次拋貓節慶典。這個城鎮在中世紀是以紡織業而繁榮，因為貓能保護產品不受老鼠侵害而重視貓。後來卻不曉得是貓的數量太多或是獵巫的影響，居民開始殺貓、棄貓。到了現代又覺得貓很重要，於是有了這項慶典活動。

其實不只是歐洲，獵巫行動在美國也發生過。前一頁底下的圖，就是十七世紀在美國麻薩諸塞州塞勒姆發生的審巫案。

有兩根尾巴，會跳舞、說話、變身日本的「貓又」傳說

貓在日本雖然受到天皇與貴族的寵愛，卻也有人把牠們視為妖怪。在鎌倉時代（西元一一八五至一三三三年）日本有了「貓又」傳說。

貓又的身形巨大修長，擁有貓眼睛，不是寵物貓，而是住在山區等地方會襲擊人類的怪物，因此民眾很害怕貓又。隨著時代演進，貓又除了襲擊人之外，據說還能用後

影像提供／浮世繪《尾上梅壽一代噺》都立中央圖書館特別文庫室收藏

▲江戶時代的貓妖故事改編成了歌舞伎。

腳站立跳舞、說人話、讓死人起來跳舞，並且變身為人。

聽說上了年紀的貓，尾巴會分裂成兩根，變成貓又。也有說法認為那是中國傳說中的吃人妖怪「貓鬼」，傳到了日本變成貓又並且更加進化。

貓妖為非作歹
在日本各地留下的貓妖故事與傳說

江戶時代（西元一六〇三至一八六七年），領地在今日佐賀縣的藩主，從龍造寺家換成鍋島家時，引發了一場動亂。後人根據這段史實加油添醋寫成的故事，就是《鍋島的貓妖騷動》。故事講述家臣惹惱主公後被殺，家臣的母親因此太過悲傷而自殺，母親養的貓於是變成妖怪，現身折磨主公。

領地在現今福岡縣久留米的有馬家，也有著貓妖的故事。故事內容講述主公寵愛一位叫阿瀧的女人，阿瀧卻遭到身邊其他女人霸凌而痛苦自盡，最後阿瀧從前救過的貓咬死那些壞女人。

這類貓妖的故事在日本各地都有，有些也變成江戶時代的戲劇、書籍、浮世繪作品，而且廣受歡迎。

有了拷貝頭腦，什麼事都好辦！

山文庫フェア

你果然又在這邊逗留了!!

媽媽很生氣喔!!

咦?媽媽在生氣?

你實在是太混了。

放學後應該馬上回家,把作業寫完再出去玩才對。

你不過是一隻貓,神氣什麼!!

口氣簡直跟哆啦A夢一模一樣!!

我就是哆啦A夢啊。

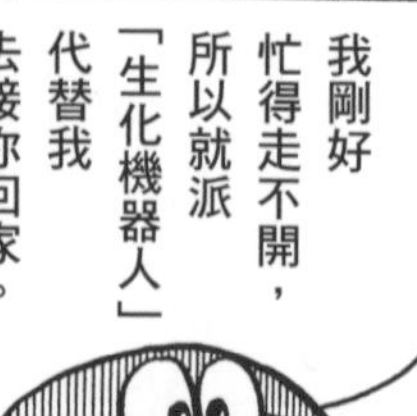

我剛好忙得走不開，所以就派「生化機器人」代替我去接你回家。

機器人？
可是怎麼看，牠都像隻真正的貓啊。
是我把貓咪變成機器人了。

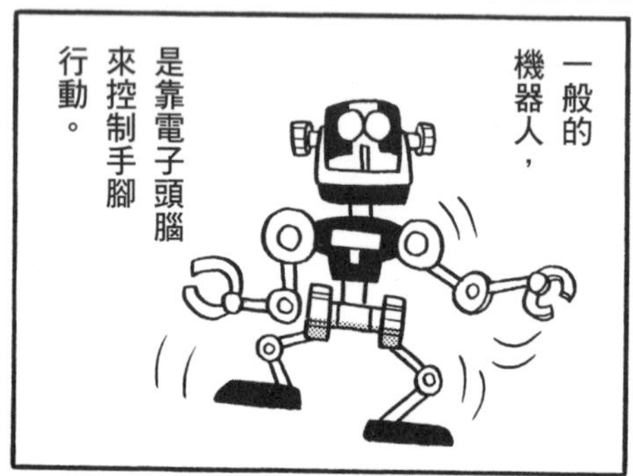
一般的機器人，
是靠電子頭腦來控制手腳行動。

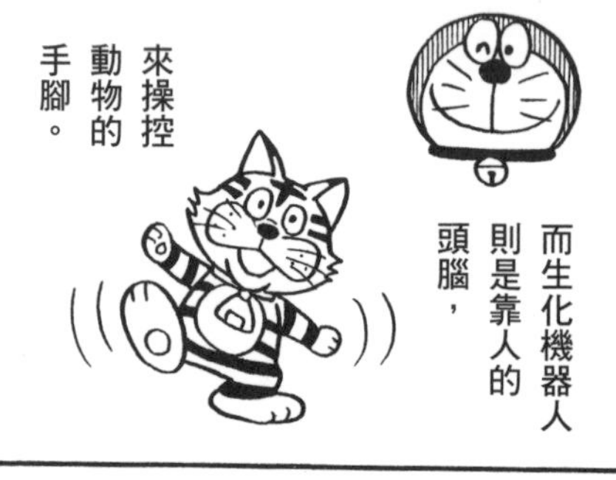
而生化機器人則是靠人的頭腦，
來操控動物的手腳。

你是人嗎？
我跟人沒兩樣!!

這就是「拷貝頭腦」。

辛苦你了。

這是說好要犒賞你的柴魚乾。
喵～
變回普通貓了。

只要接上感應器，任何動物都可以變成機器人嗎？
沒錯。

A 前腳有五根腳趾，後腳有四根。

※ 變身

牠已經
徹徹底底
變成你了。

你自己得
下定決心
叫牠去
買東西才行。
下定決心、
下定
決心。

總算
勉為其難
出門了。

那你就
安心
寫作業
吧。

我實在
放心不下，
跟去看看
好了。

牠真
的
在買東西
喔。

我回來
了。
辛苦
你了。

哇～
這實在
是太棒
了。
再多幫我
做些事
吧!!
你馬上又
打歪主意，
不行！

A 上下加起來，乳齒一共有二十六顆，恆齒有三十顆。

Q 貓尾巴有什麼作用？①保持平衡 ②拍打敵人 ③玩耍

※拳打腳踢

A ①保持平衡。跳躍時需要動用到尾巴。

你好。

好奇怪的狗喔。

別擋住嘛~~

嗯嗯，原來如此…這就是正確答案啊。

明天我就可以神氣的上學去了。

鼾…

你在這裡做什麼啊？

什麼!?你把機器裝在小狗身上後就不管，然後在這邊午睡!?

要是機器失去控制，那隻小狗就會變成你耶。

小狗變成我？怎麼可能！
希望還來得及才好……

得趕快把機器拿下來才行。

牠剛剛才走的。

你有沒有看到一隻很大的狗？

牠剛剛站在書店看漫畫喔。

書
我趕牠走的時候，還被牠咬了一口。

到底又跑到哪裡去了？
換成是你，你會去哪裡？

牠跑來我家睡午覺，剛剛才走的。

該不會是……

A 真的。據說貓能夠跳到自己體長約五倍的高度。

貓是這樣的生物

漫畫中提到貓會模仿，即使不是機器人，牠們仍然有出色的學習能力。貓能夠跳到高處、快速衝刺、以流線身形漫步，或是成天睡覺，或是舔著身體各處……我們來看看貓的身體構造和能力吧。

繼承斑貓，擁有優異的運動能力

貓擁有從斑貓時期在大自然養成的各種能力與特徵。根據最近的研究顯示，貓的DNA與牠們的祖先非洲野貓幾乎沒有不同。祖先非洲野貓為了在自然界存活，培養出各式各樣的能力，而家貓也都繼承了下來。

耳朵

能夠聽見老鼠所發出但人類聽不到的聲音，並且判斷聲音是從哪裡來。即使在睡覺時，牠們的聽覺仍然活躍，一聽到很在意的聲響就會立刻醒來。

眼睛

貓的眼睛顏色是由麥拉寧色素的含量多寡決定。麥拉寧色素由少到多依序會是：藍色、綠色、黃綠色（有些褐色的綠色）、琥珀色、紅銅色。左右眼的麥拉寧色素含量不同時，就會變成左右眼不同色的異瞳貓。白貓特別容易出現同時擁有藍色與偏黃色眼睛的異瞳貓。

貓的眼睛無法辨別紅色，因此人類在牠們眼裡看來是另一種顏色。

除此之外，在牠們的視網膜後側有一層脈絡膜層（Tapetum lucidum），會反射進入眼睛的光，因此貓與人類相比，只需要五分之一的少量光線就能視物，在黑暗中也看得見。但如果是在完全無光的地方，眼睛沒有進光，貓同樣會看不到東西。

貓的黑眼珠在明亮的環境會變細，在燈光昏暗的地方會變大，藉此調整眼睛接收的光量。

貓的眼睛在暗處一照到燈就會閃閃發光，也是因為進入眼睛的光被脈絡膜層反射。不只是貓、狗，能夠在暗處活動的其他動物，眼睛都擁有脈絡膜層，但是人類沒有。

雖然貓的眼睛在暗處也看得見，但貓並不是夜行性動物，而是曙暮性（Crepuscular）動物。在天色尚暗的清晨、逐漸變黑的傍晚等時段最為活躍。這是貓仍生活在野外時遺留下來的習性，為了配合小鳥等小型獵物的活動時間，牠們會在這些時間醒來打獵。

有些寵物貓在夜間特別活躍，那或許是因為飼主白天不在家，牠們太無聊都在睡覺，所以到了晚上活力充沛。生活在外面的流浪貓則是為了閃避人類和車輛等危險，所以有些是晚上才活動。

鼻子

貓鼻子的表面有皺紋，方便沾上氣味粒子。雖然大家會用「貓舌頭」形容怕燙，但事實上貓用來判斷食物與空氣冷熱的是鼻子，不是舌頭。鼻子和上顎之間有個叫「犁鼻器」的器官。費洛蒙和氣味物質一送進這裡，貓就會稍微張開嘴巴，露出奇怪的表情。

嘴巴

從正面觀察時，貓嘴巴閉起時很小，一張開就變很大，還可以窺見尖銳的牙齒。嘴巴四周有類似橡皮的嘴唇。

牙齒

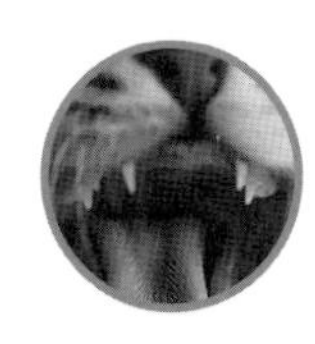

成貓的牙齒有三十顆（幼貓為二十六顆）。身為肉食動物，貓會用犬齒牢牢咬住獵物，再以臼齒咬斷肉。非常細小的門牙是用來咬下獵物的毛等，不過家裡養的寵物貓都是吃貓食，所以不太會用到門牙。貓的牙齒很容易長齒垢，如果沒有好好維護，牙齒很容易出問題。

舌頭

舌頭細長，舌尖呈圓形，吃東西或是喝水時可以當做湯匙使用。有一道法國甜點叫做「貓舌頭餅乾」，就是做成貓舌頭的形狀。

鬍鬚

鬍鬚從嘴巴上方隆起的鬍鬚墊（也稱鬍鬚袋）長出來。鬍鬚可以朝著自己感興趣的方向移動，長出鬍鬚的地方有許多神經密布，感覺十分敏銳。

脊椎

日本人常常會稱姿勢不良、彎腰駝背的動作為「貓背」。貓的脊椎十分柔軟，要撲向獵物做出攻擊的動作時，脊椎會像彈簧一樣，先弓起再張開，藉此加強飛撲的力道。

從高處跳下時，貓也會弓起背部緩和著地的衝擊。跳向高處時則會伸直背部躍起。

腳

腳步的肌肉很發達，能夠踹一下地面即可跳起或猛力奔跑。前腳有五根腳趾，後腳有四根。

爪子

貓的爪子伸縮自如。在攻擊或需要牢牢抓住東西時，尖銳且彎曲如新月的爪子就會伸出來插進目標物的肉裡。貓的指甲是一個層層堆疊而成的構造，貓會藉由磨爪子或自己咬下來，弄掉舊指甲。爪子根部粉紅色的部分有血液通過，所以幫貓剪指甲時要下刀在靠近爪尖的地方，避開粉紅色的位置。

尾巴

即使是短尾巴、彎曲的尾巴，都能夠幫助保持平衡。尾巴豎起、垂下、擺動、捲在身體下方，都是不同情緒的表現。

除了細長的尾巴之外，貓的尾巴還有其

他各種形狀。捲起成丸子狀的「截尾」、「雪球尾」，都是骨頭從根部就彎曲的短尾巴。

日本短尾貓（或日本截尾貓，*Japanese Bobtail*）這個品種的貓，尾巴不到七點五公分。而「麒麟尾」則是指中間或末端彎曲的尾巴，這是天生的，不會痛。

毛

多數的貓全身都有毛覆蓋，包括粗硬的主毛（上毛）與細軟的副毛（下毛）。貓毛的用途是保護皮膚，調節體溫，毛豎起是生氣或恐懼的表現。也有毛較長的「長毛」貓，以及近乎無毛品種的貓。

肉墊

肉墊就是貓腳底沒有長毛的部分。前腳有六個小肉墊，和一個類似手掌心的略大肉墊，後腳一共有五個肉墊。柔軟的肉墊在貓從高處跳下來時，可以當做緩衝墊使用。也可以用來吸收腳步聲，因此貓能夠無聲無息的靠近獵物。此外，肉墊還有防滑效果，也能夠幫忙抓住東西。貓全身上下唯一會出汗的部位，幾乎只有肉墊。當貓去動物醫院等讓牠們感到緊張的地方時，肉墊就會冒汗變得溼答答。

毛色與花色

貓有各式各樣的毛色與花色，基本色是黑色、白色、橘色（黃褐色）。由於貓的祖先是斑貓，所以原本的毛色是在大自然裡最不醒目的黃褐色帶黑色的虎斑紋。但是，自從人類開始飼養之後，貓就出現了各式的花色和紋路。根據最近的研究可知，雙色是最新的花色，直到中世紀左右才出現。

像暹羅貓這種全身淺色，只有鼻子、耳朵、腳尖有較深的毛色，稱為重點色。身上唯有體溫較低的部位，毛色才會變深。

由黑色、白色和橘色混合的三色貓，大都是母貓。遺傳上，公貓多半是白混黑或是白混橘的組合，黑色加橘色又混入白色的情況相當罕見。儘管如此，幾萬隻裡面仍然會有一隻公的三色貓，因此一般相信公的三色貓能夠召喚幸福。

擅長空中翻滾，即使跌落時背部朝下，仍然能夠精準改用四腳著地

各位看看左邊的連續照片，這隻貓簡直就像在表演空中翻滾。

貓從高處跌落時，即使一開始是背部朝下，也有辦法能夠立刻扭轉身子，改變身體的方向，改用四肢穩穩著地。貓耳朵內部用來保持平衡的三半規管非常發達，即使從高處摔下，也能夠採取相對安全的姿勢。再加上牠們著地時柔軟的背脊會弓起，幫助化解了著陸時的衝擊。貓腳底的肉墊則有如安全氣囊，緩和落地的力道。

貓能夠大步走在圍牆或扶手等狹窄地方，也是因為三半規管很發達。另外還利用鬍鬚感測牆壁、地面與物體，擺動尾巴保持平衡，用腳底肉墊牢牢抓住接觸面等。

人類和貓的脖子根部都有鎖骨。貓的鎖骨沒有與其他骨頭相連，而是連接著肌肉，因此貓能夠自由活動，不會受制於其他骨頭。牠們能夠走進狹窄的地方，穿過狹窄的空間。即使是比腳底肉墊更窄的樹枝或圍牆，牠們也都能夠用肉墊巧妙的抓住接觸面，在上面走路。通過狹窄空間時，貓會用鬍鬚測量寬度，頭能過得去，身體大致上就能通過。

由此可知，貓的身體十分柔軟，而且平衡感很好。

▲貓很擅長保持平衡。照片是使用特殊方法安全拍攝而成。各位可千萬別把貓抓起來亂丟喔。

搭船航向世界各大洋，成為守護神的貓咪們

養在船上，在船上工作生活的貓

在日本，貓自古以來就被視為船隻的守護神而倍受尊崇。日本漁夫認為只要帶著貓上船，就不會遇上狂風巨浪。尤其是珍貴的三色公貓，漁夫們相信只要和三色公貓一起出海，就能夠避免發生意外。另外，貓的黑眼珠會因為環境明暗改變大小。有藩主就利用這一點，把貓的眼睛當做時鐘使用，帶著貓上船出海去打仗。

在國外也是，貓的存在對於船隻來說不可或缺，因為船員需要貓幫忙抓住破壞船上糧食與貨物的老鼠。人類相當重視且寵愛一起搭船出海的貓，他們認為貓不只是在工作，也是船上的守護神。

照片中的貓，是英國戰艦威爾斯王子號的貓船員小黑（Blackie）。一九四一年，英國時任首相溫斯頓．邱吉爾搭乘這艘戰艦與美國總統羅斯福進行會談時，也有小黑陪伴。小黑正是因為有邱吉爾首相摸頭而名聞遐邇。

邱吉爾是知名的愛貓人，英國更是從很早之前就指派公務員職務給貓，任命貓擔任首相官邸的捕鼠官並住在官邸裡。

影像來源／War Office official photographer, Horton (Capt) via Wikimedia

哆啦A夢墜入情網

怎麼無精打采的……
連最愛的銅鑼燒都吃不下？

我知道了！難道是有喜歡的貓了？
你怎麼會知道!?

什麼嘛～你還沒跟牠說過話。

自己遇上這種事，就變得懦弱了。
因為……

總之，先讓我看看是哪隻貓。

百變貓咪召喚機Q&A

Q 來自埃及的埃及貓，英文名Egyptian Mau。這裡的「Mau」是什麼意思？

A 在古埃及文就是貓的意思。

※咚

百變貓咪召喚機Q&A

Q 貓的品種大約有幾種？ ①約五十種 ②約一百種 ③約兩百種

A ②約一百種。各品種註冊團體的數量略有不同。

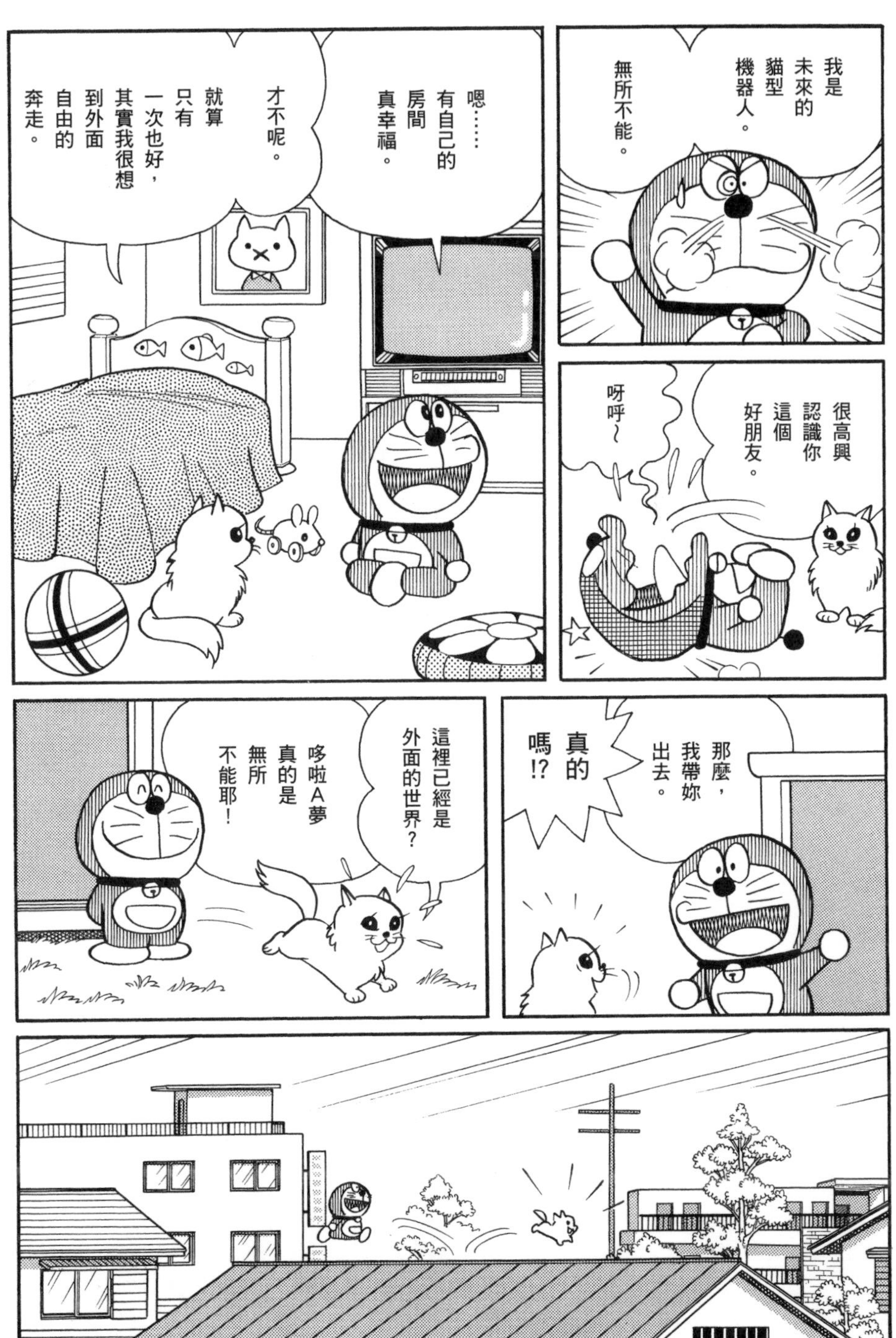

百變貓咪召喚機Q&A

Q 哪一種貓的名稱，跟美國野生貓科動物「虎貓（Ocelot）」有關？

你好。
你好。

我從很久以前就想跟你說話了。

我也是…能遇見你好像在作夢。

我還是小貓的時候……
每天都會到我的窗外來。

我要離家出走。
不行，我是一隻野貓，

生活很困苦，不但要被人和狗追，還得忍受飢餓和寒冷…
不管多苦我都願意忍耐。
你想得太天真了!!

嗚……可惡的情敵！
看我怎麼對付你!!

對了！
我有一個好朋友，心地善良而且無所不能。

A

歐西貓（Ocicat）。牠是阿比西尼亞貓和暹羅貓的交配種。與虎貓並無血緣關係，只是花色類似。

拜託你，哆啦A夢。

啊……好吧。

他一定有辦法的。

對了!!

我們之前創造的貓狗王國。

請參閱哆啦A夢單行本第22集。

可以在那裡過著幸福的日子。

謝謝!!

你到底是去幹嘛的？

沒關係，只要牠幸福就好。

貓的品種圖鑑

起源於非洲野貓的家貓在世界各地與人類共同生活著，漸漸發展出不同的毛色、花色與身體特徵。有些貓的特徵是自然的出現，也有些貓是人類配種製造出來的品種。

坊間有許多貓品種註冊團體，不同團體認可的品種數量皆不盡相同，不過貓的品種大致上來說有超過一百種。接下來，這裡將介紹與〈哆啦A夢戀愛了〉這篇漫畫中出現的貓一樣漂亮的貓咪們。

阿比西尼亞貓 *Abyssinian*

原產地：埃及

據說是19世紀從埃及（也有說是衣索比亞）帶到英國的貓，與英國當地的貓交配產生的品種。一般認為古埃及飼養的貓是家貓中最古老的品種之一，是此品種的祖先。特徵是短毛，每根毛上有條紋，毛色有光澤。身體纖細，小臉大耳。長毛的阿比西尼亞貓是另外一個品種，叫索馬利亞貓（Somali cat）。

美國捲耳貓 *American Curl*

原產地：美國

1981年在美國發現的品種。特徵是耳朵往後捲。出生時耳朵是直的，大約一週過後，耳朵就會捲起。但是耳朵會捲起的美國捲耳貓只佔幼貓之中的一半，也有幼貓沒有捲耳。此品種的毛色、花色、毛長沒有統一。

美國短毛貓 *American Shorthair*

原產地：美國

祖先是17世紀的美國拓荒者從英國帶來的英國短毛貓。特徵是臉大，體格健壯結實。最具代表性的花色是腹側有螺旋紋，但也有全白、橘黑斑紋、三色等，超過80種以上的毛色和花色。

異國短毛貓 *Exotic Shorthair*

原產地：美國

美國短毛貓與波斯貓的交配種。特徵是圓臉小耳，以及靠近眼睛的扁鼻子。取名為「異國」或許是因為在美國人看來牠的長相很有外國風格。

埃及貓 *Egyptian Mau*

原產地：埃及

「mau」是古埃及文，意思是貓。自古以來就生活在埃及的貓種，到了美國被大量繁殖。特徵是擁有自然形成的斑點花色。跑步很快。

歐西貓 *Ocicat*

原產地：英國

外觀看起來充滿野性，因此品種命名參考美國野生斑貓「虎貓（Ocelot）」。牠是阿比西尼亞貓和暹羅貓的交配種。特徵是一截截的斑紋，就像是美國短毛貓的螺旋紋被切斷一樣。體格結實且耳朵大。

柯尼斯捲毛貓 *Cornish Rex*

原產地：英國

在英國康瓦爾郡突變誕生的貓種。臉小耳大，眼睛大，長腿，體型纖瘦。毛短而捲，摸起來滑順舒服，是牠最大的特徵。毛色和花色沒有統一。所有捲毛的貓種都稱為Rex。其他還有在英國德文郡發現的波浪短毛德文捲毛貓（Devon Rex），以及美國蒙大拿州發現的塞爾凱克捲毛貓（Selkirk Rex）等。

西伯利亞貓 *Siberian*

原產地：俄羅斯

品種名的意思是「西伯利亞的貓」。屬於體重可達10公斤的大型貓。從很久以前就生活在寒冷的俄羅斯，因此擁有「三層毛」，也就是三層厚重的被毛。蓬鬆的毛全部長齊大約要花上五年時間。

日本短尾貓 *Japanese Bobtail*

原產地：日本

修長，短毛，耳尖有點圓；毛色和花色沒有統一，不過以三色和黑白色居多。「Bobtail」是「短尾巴」的意思。其他還有美國短尾貓（American Bobtail）。

暹羅貓 *Siamese*

原產地：泰國

品種名來自於泰國以前的國名「暹羅」。毛色淺，只有鼻尖、耳朵、腳尖、尾巴等體溫低的部分顏色較深（重點色），再加上藍寶石色的眼睛，就是判斷純種暹羅貓的條件。身體纖細、輪廓俐落的三角臉，以及大耳朵是牠的特徵。叫聲宏亮，是很愛說話的貓。

沙特爾貓／法國藍貓 *Chartreux*

原產地：法國

法國固有的貓品種。帶藍色的灰毛很美，體格結實健壯，四肢卻很細。臉型比俄羅斯藍貓圓。眼睛是金色或紅銅色等偏黃色系的顏色。表情看起來像在微笑，所以也有人稱牠是「微笑貓」。

新加坡貓／獅城貓 *Singapura*

原產地：新加坡

體重約2～3公斤，是世界最小的純種貓品種。每根毛上有條紋，毛色是淺褐色。生活在新加坡這麼炎熱的國家，所以毛偏短。小臉加上圓滾滾的大眼睛，很討人喜歡。

蘇格蘭摺耳貓 *Scottish Fold*

原產地：蘇格蘭 英國

圓臉和向前摺的耳朵是牠的特徵。

「Fold」是英文「摺」的意思。耳朵往前摺是因為牠有遺傳性的軟骨問題，身體關節等也容易疼痛。目前已知沒有摺耳的個體在上了年紀之後，也同樣百分之百會罹患關節炎。牠們經常後腰貼在地上，後腳往前伸，擺出「大叔坐姿」，這是為了避免腿腳負擔。沒有摺耳的直耳型是蘇格蘭直耳貓（Scottish Straight）。

斯芬克斯貓／加拿大無毛貓 *Sphynx*

原產地：加拿大

1966年在加拿大多倫多發現這種突變的無毛貓。全身只有一層薄薄的胎毛，也沒有鬍鬚。身形纖細，小臉大耳。沒有毛所以顯得皮膚的皺紋很醒目；皺紋之間容易堆積皮脂，必須勤加清理。比一般貓更怕熱怕冷。

土耳其梵貓 *Turkish Van*

原產地：土耳其

居住在土耳其最大湖「梵湖」附近的品種。聽說祖先如果是生活在埃及與中東等沙漠地帶的非洲野貓，一般來說不擅長游泳，但是土耳其梵貓生活在湖邊，所以很擅長游泳。偏長的被毛能夠彈開水珠。全身雪白，只有頭部、耳朵、尾巴有褐色等顏色。

日本貓

原產地：日本

也稱為和貓。泛指以前就在日本的貓，不是特定的品種。牠們在飛鳥時代從中國來到日本生活，逐漸發展出獨特的特徵。骨骼堅實，短毛。有橘虎斑、黑白、三色、虎斑等各式各樣的毛色與花色。日本貓沒有純種。順便補充一點，混種（米克斯）是多個品種混合交配而成，不是純種貓，日本貓也是混種貓的一種，由各式各樣種類的貓自然交配發展而成。

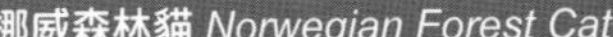

挪威森林貓 *Norwegian Forest Cat*

原產地：挪威

來自十分寒冷的國家，所以連尾巴末端都有蓬鬆的長毛覆蓋。腳趾間也有長毛，能夠靈巧地走在雪地或冰上。屬於個性文靜，外型優雅華麗的貓。

英國短毛貓 *British Shorthair*

原產地：英國

據說是在大約兩千年前由羅馬人帶到英國。也是英國最古老的貓品種之一。臉型又圓又大，鼻子偏短。體格健壯結實，擅長捉老鼠。最具代表性的毛色是灰色，也有其他各種毛色。是美國短毛貓的祖先，個性高冷的個體較多。

曼島貓 *Manx*

原產地：英國

品種名來自於原產地英國的曼島。最大的特徵是沒有尾巴，或是尾巴非常短。臉型和身形整體偏圓潤。一般貓是後腿較長，曼島貓卻是前腿較長，因此走路像兔子跳。毛色和花色有很多種類型，特徵是短毛。長毛的是另外一個品種，叫威爾斯貓（Cymric）。

曼赤肯貓 *Munchkin*

原產地：美國

Munchkin在英文是「小」、「縮短」的意思，這個品種的特徵就是四肢很短。1983年在美國發現這種短腿貓，因此開始繁殖。牠的腿雖短，不過很擅長跳躍和爬樹。毛色、花色、毛長沒有統一。

緬因貓 *Mainecoon*

原產地：美國

原產於美國的緬因州。品種名的由來之一，據說是因為習性與浣熊（raccoon）類似。此外還有其他很多種說法。在家貓之中屬於體型最大的品種，體長可以長到70公分～1公尺左右。2018年，住在義大利的緬因貓巴維爾打破金氏世界紀錄，成為世界最大的貓；牠的體長有120公分，相當於小學一年級學生那麼高。此品種的特徵是蓬鬆的長毛。耳廓內側也長著許多毛。

波斯貓 *Persian*

原產地：伊朗、阿富汗或英國

起源不清楚，只知道在十六世紀左右從中東傳到義大利，後來在英國大量繁殖。短胖的體型以及蓬鬆的長毛是牠的特徵。毛很長，尾巴也毛茸茸的。圓臉加上偏小的耳朵和塌鼻子，使牠成為「扁臉」貓的代表。另外還有與暹羅貓的交配種「喜馬拉雅貓（Himalayan）」，以及與布偶貓的交配種「襤褸貓（Ragamuffin）」。

原產地：美國

1970年代，美國加州大學為了研究疾病交配產生的品種。由野生石虎（亞洲豹貓）與家貓交配而成。特徵是家貓原本沒有的豹紋花色。

布偶貓 *Ragdoll*

原產地：美國

波斯貓與緬甸原產的伯曼貓（Birman）的交配種，再與緬甸原產的緬甸貓（Burmese）交配誕生的品種。「Ragdoll」是布娃娃的意思。特徵是蓬鬆的中長毛，加上藍眼睛，以及臉上面具型的重點色。體型大卻很愛撒嬌，最愛抱抱。

拉邦貓 *Laperm*

原產地：美國

1982年在美國奧勒岡州發現，到了2000年代才承認為貓品種之一。品種名的意思是「像燙過的捲毛」，有短毛品種和長毛品種。

俄羅斯藍貓 *Russian Blue*

原產地：俄羅斯

特徵是灰中帶藍的毛色，以及綠寶石色的眼睛。修長的身體配上小小的腦袋，兩耳距離有點開。嘴角往上翹，看起來像在微笑的表情被稱為「俄羅斯微笑」。不太喵叫。

寵物吸塵器

※蹦

起立！

ピョン
跳！

磅!!
コロッ

※倒

哇啊！訓練得真好耶。
教會這些很辛苦呢！
不過，牠本來就跟我一樣，是隻頭腦聰明的貓啊。

牠之所以會這麼厲害，完全是靠著我的毅力和對牠的愛。

我也想憑著我的毅力和愛……來訓練個什麼。

………………
你到底想說什麼啊？

跟媽媽說了也是白說。

你又來了。

A

快。母貓在一歲之前就能夠生小貓。

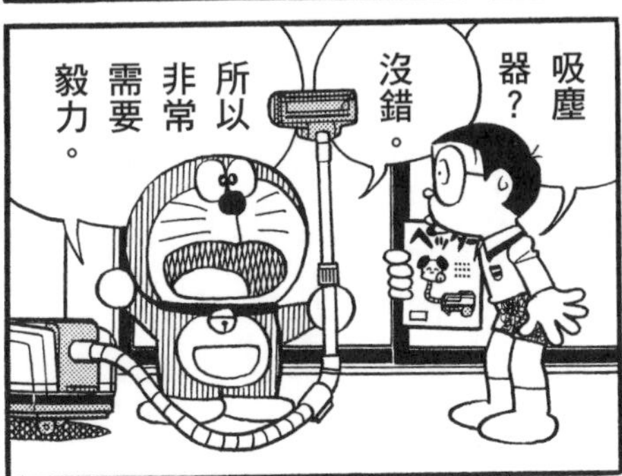

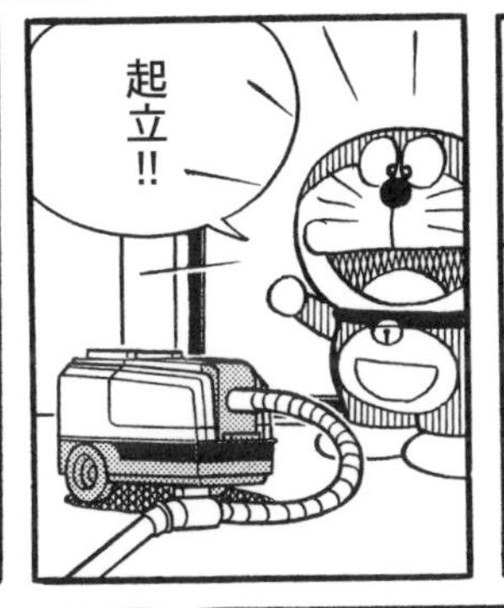

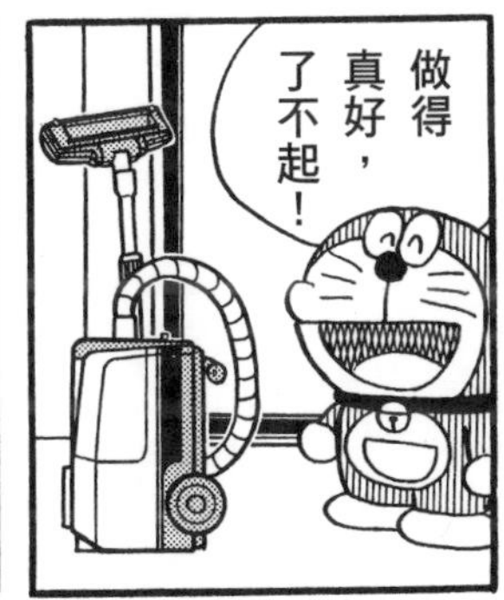

好啦！我照做就是了!!

起立！

起立是這樣喔。

做得真好。這是獎賞。
要不斷重複這些動作。

起立！
好棒。做得真好！
起立就是這樣。
起立！

經過漫長的時間……

起立！

※站起
ピョコ

你會了耶!!

※吸
スポ
好棒！真是了不起！
太好了！

接下來，不管你教它什麼？它都學得會了。

A 稱為「cat agility」。也可以說是讓貓與飼主一起玩耍的運動。

Q 貓很怕冷，這是真的嗎？

看來你已經跟它處得很好了。
因為它很可愛啊。

睡著了，就讓它待在這裡，不要吵它。
鼾～～

請問有人在嗎？

※吸

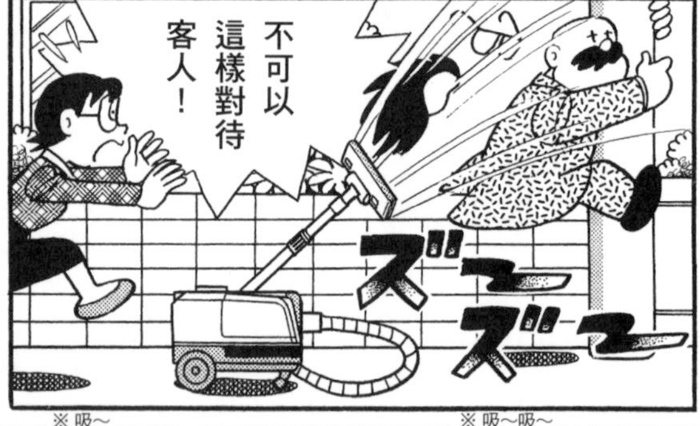
不可以這樣對待客人！
※吸～吸～

它把自己當成看門犬了。
※吸～

如果惹媽媽生氣就無法待在家裡囉。

咦？你想幫忙打掃家裡跟媽媽賠不是嗎？

A 真的。貓受不了溫差，因此也不喜歡太熱的環境。

媽媽應該會很高興吧。
家電

我看到一半的週刊雜誌和報紙全都不見了。

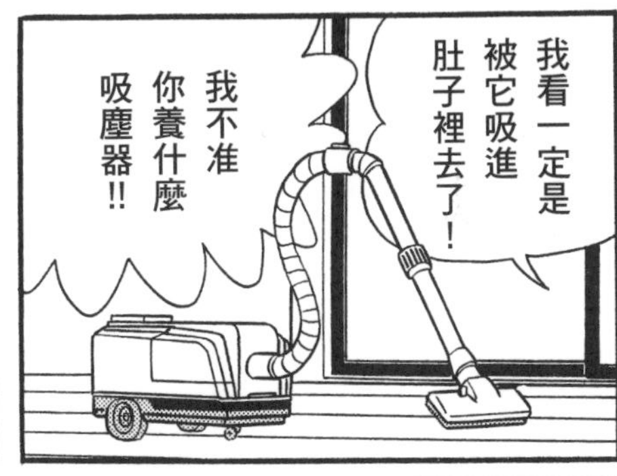

我看一定是被它吸進肚子裡去了！
我不准你養什麼吸塵器!!

吸塵塵不見了。

我看它垂頭喪氣的往那邊去了。

吸塵塵！你在哪裡啊？
吸塵器
協尋
如有發現請聯絡

它離家出走了！
萬一變成流浪吸塵器怎麼辦？

貓的飼養方式

大雄說，訓練貓要靠耐心和愛。但是這樣真的就可以成功嗎？我們來看看實際帶貓回家之前，要做好哪些準備。

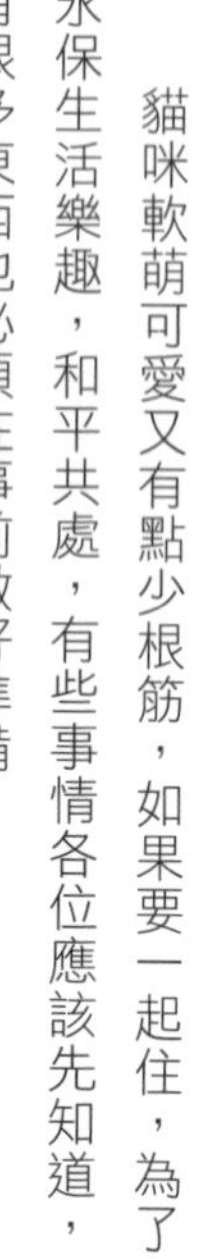

與同住的家人確實的溝通好「要不要養貓」

貓咪軟萌可愛又有點少根筋，如果要一起住，為了永保生活樂趣，和平共處，有些事情各位應該先知道，有很多東西也必須在事前做好準備。

日本的一般社團法人寵物食品協會，在二〇一九年發表的報告中表示，日本的寵物貓整體平均壽命是十五點〇三歲。「只待在室內」的貓是十五點九五歲。「會去室外」的貓是十三點二歲。由此可知，安全生活在家裡的貓比較長壽。

帶貓回家就是讓貓成為你的家人。如果是從幼貓開始養，接下來的十年、十五年、二十年都要和貓一起生活。貓是生物，所以每天都要吃飯、上廁所，也會生病，或許還會打架。但是一起生活就是一家人了，請務必事先與所有同住的家人討論過是否同意養貓，再把貓帶回家。

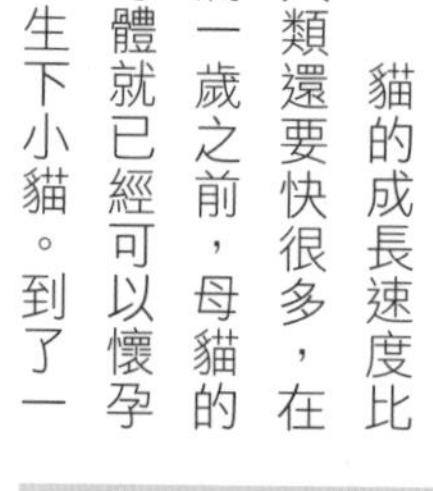

貓的成長速度比人類還要快很多，在滿一歲之前，母貓的身體就已經可以懷孕並生下小貓。到了一歲時已經是大人，也就是成貓，到了七歲之後就算是老貓了。隨著年齡的增長，貓罹患各式各樣疾病的可能性也會隨著升高。

《貓與人類年齡對照表》

貓	人類	貓	人類
出生1週	1個月	8歲	48歲
2週	6個月	9歲	52歲
1個月	1歲	10歲	56歲
2個月	3歲	11歲	60歲
3個月	5歲	12歲	64歲
6個月	9歲	13歲	68歲
1歲（成貓）	17歲	14歲	72歲
1歲半	20歲	15歲	76歲
2歲	23歲	16歲	80歲
3歲	28歲	17歲	84歲
4歲	32歲	18歲	88歲
5歲	36歲	19歲	92歲
6歲	40歲	20歲	96歲
7歲	44歲	3歲起每增加1年＋4歲	

由編輯部參考各類資料製表

養貓前需要準備的物品

貓碗

裝食物和飲用水的容器。貓會把臉靠近貓碗，直接用嘴巴吃東西和喝水，所以容器如果太深，鬍鬚會碰到容器，也不方便吃東西；容器如果太淺，食物就會掉出容器外。所以請配合貓臉的大小慎選容器。

貓上廁所的用品

包括貓砂、貓砂盆、鏟子。貓的廁所是把貓砂倒進容器中使用。貓習慣在上廁所前後不停的改變身體方向。為了方便貓活動身體，貓砂盆的大小最好在貓體長的一點五倍左右。貓砂盆的數量至少要是貓的數量多一個，貓比較方便使用。

外出籠

帶貓去動物醫院時會用到。外出籠有布製、塑膠製等各種類型，最好選擇底部穩固安定的商品，也最好選擇堅固的商品，避免災害發生時與其他隨身物品碰撞。使用時要注意籠門會不會被貓輕鬆打開。

貓抓板

貓有磨爪子的習性，多準備幾個貓抓板，可方便牠們想磨爪子時，隨時都可以磨。有些貓喜歡平放在地面的貓抓板，有些貓喜歡像牆壁一樣直立的貓抓板，也有貓兩種都喜歡，所以配合貓的喜好挑選即可。沒有準備貓抓板的話，貓很可能會用你家沙發或地毯等磨爪子。

指甲剪

貓的爪子十分的銳利，牠們有可能會去抓窗簾或衣服等人類生活不可或缺的東西，然後卡住爪子弄不下來。貓的爪子卡住時會很痛，所以定期替家裡的貓剪指甲，對彼此的同居生活都有好處。幼貓大約一週到十天左右，爪子就會變長，成貓則是二至三週。

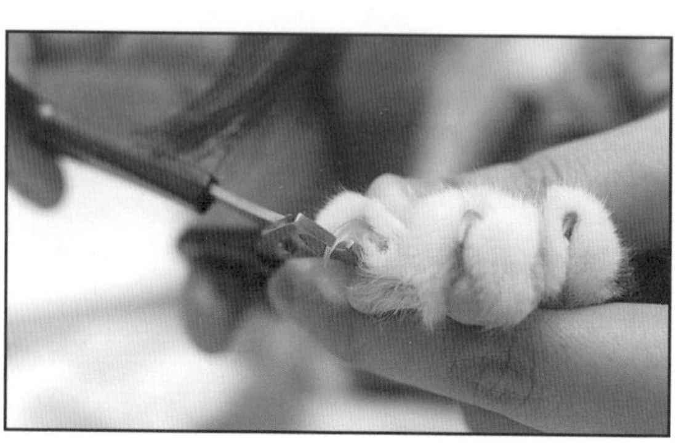

理毛梳

貓舌上有稱為「乳突」的小刺，摸起來很粗糙。貓會用乳突代替理毛梳舔過全身的毛來清理自己。但是光靠這樣子舔，無法完全舔掉所有脫落的毛，所以飼主必須要替貓刷毛，幫忙牠們清理。尤其是長毛貓，如果清理不確實的話，牠的毛根就會糾結成團，容易罹患皮膚病，所以必須頻繁替貓刷毛。很多貓似乎覺得刷毛很舒服，所以很喜歡。

玩具

貓最愛玩耍，牠們不再捕捉老鼠或小鳥等獵物，而是撲踹或翻滾咬住玩具玩耍，這個舉動稱為「模擬狩獵」。飼主要準備能夠揮動的玩具陪貓玩，也要準備方便讓貓獨自玩耍的玩具。

其他可以一併準備的東西

●讓貓可以放鬆休息的鬆軟貓床、抱枕或是座墊、貓屋。

●貓塔。貓喜歡爬高，如果家裡沒有讓貓可以攀爬的書櫃之類家具，可以準備貓用的貓塔。貓塔通常是由貓抓柱或是休息用的跳台構成。

●為了避免貓從家裡窗戶跑到外面去，最好要加裝可以防止貓跑出去的紗窗或是安全鎖。另外，在不希望有貓進入的場所，也可以裝設防止嬰兒進入的柵欄。抽屜也建議上鎖。

冷知識

討厭太熱也討厭太冷

貓很怕冷，但是太熱也不行。冷的時候，貓可以鑽進棉被或暖桌裡保暖，但是太熱的話，貓待在無處可逃的房間裡，身體容易出問題。

人類覺得好熱或好冷時，貓大致上也會有同樣的感受。如果放貓獨自看家，就要像對待嬰兒或老年人一樣，事先調整好室內溫度，避免太熱或太冷。

但是，即使太熱也不可以把窗戶全部打開，貓很可能跑出去發生意外。最好事先裝上牢固的防護鐵網，或是加裝冷氣。有些貓如果電風扇吹太多，體溫會太低，所以也必須留意；尤其是把貓關在籠子裡，直接用冷氣或電風扇吹牠，貓無法逃走，這種情況十分危險。

有趣的「貓靈敏度訓練」

利用貓靈敏度訓練與飼主一起開心運動

貓的學習能力十分卓越，只要稍加訓練，貓也有可能學會各種技能。

利用貓的學習能力與運動能力進行的訓練，稱為「貓靈敏度訓練」。對於很愛飼主、想要飼主陪著玩的貓來說，這是可以跟飼主一起玩樂的運動。

貓靈敏度訓練一開始是給貓固定的信號，讓貓動起來。

飼主先對貓說：「跳上來這裡。」並拍拍椅子給貓看。等到貓跳上椅子，就發出固定的信號，再給貓點心稱讚牠。

貓能夠完美做好教牠的動作，就給牠點心稱讚牠：「你好棒！」「了不起！」能夠得到零食和稱讚，貓也會很開心接受訓練，並記住動作。

信號會發出聲音的話，貓比較容易記住。用拇指和中指打一個響指，發出啪的一聲也可以；或是拿訓練狗用的、會發出喀嚓聲的「響片」當道具（左圖）也可以。即使沒有這些工具，只要巧妙的使用貓點心，也能夠完成訓練。

當你的貓學會一件事之後，就可以開始嘗試讓貓鑽過隧道、在木條上行走或跳過箱子。如此慢慢訓練，貓就能夠逐漸學會越來越多技能。

影像提供／平松溫子

來來貓餅乾

百變貓咪召喚機Q&A

Q 健康的貓一年可懷孕幾次？①一次 ②兩次 ③五次

A ②兩次。一年大致上可以懷孕兩到三次。

問問看這一家吧！

嗯……房子太漂亮了。

看起來好像會說他們不要流浪貓…
是喔。

還是問問看吧！

你這隻愛偷魚的野貓!!
趕快隨便去問一家啦。
都找不到適合的……

※ 拉麵

ラーメン
我覺得這家看起來好像會收養牠。
是嗎？

A 最好購買標示「均衡營養主食」的產品當主食。

百變貓咪召喚機Q&A

Q 貓很愛乾淨，這是真的嗎？

※吞入

※招手、招手

A 真的。請務必經常幫貓更換貓砂。

※熱呼呼

大約經過十天——

實在放心不下，我們還是去看看，順便跟他道歉吧！

貓還在嗎？
啊，還在耶!!

養了之後，就覺得牠好可愛。
真的很對不起。

啊，在這裡。

週刊上介紹的好吃拉麵店就是這裡啦。

在這裡、在這裡。
聽說之前的那位客人居然是有名的拉麵評論家!!

有貓的生活

吃了來來貓餅乾之後居然能夠招來三個人，真是太厲害了。一般人養了貓就想寵溺牠，請先學會貓的飲食和上廁所等相關知識吧。

主食請選擇「均衡營養主食」必須小心偏食及飲食過量

貓是肉食動物，吃牛肉、雞肉等肉類，也吃魚。養在家裡的貓，一般都是餵食寵物用品店或商店裡販賣的貓食。

貓食可以分成乾食（貓乾乾）、溼食、溼潤的半乾食等類型。乾食適合長期保存，也比較不容易產生齒垢。溼食比乾食容易產生齒垢，但因為成分有百分之七十至八十以上是水分，所以可以幫助不太喝水的貓補充水分。

不管選擇乾食或溼食，都要買包裝上寫著「均衡營養主食」的產品當作主食。這類產品裡富含維持貓健康所必須的成分。有了均衡營養主食，飲食上就足夠了。其他標示「零食／點心」、「副食」的產品要搭配「均衡營養主食」使用。只給貓吃零食點心會胖，而且營養會失衡，導致貓容易生病。餵貓吃零食點心要適量。

另外也必須注意，別讓貓吃太多。貓食包裝上標示有各種體重的貓適合的分量，各位看過之後，秤好適當的分量再餵食。

© Shutterstock.com

對人有益的東西不一定對貓有益

最好不要拿人吃的食物餵食貓咪。人類覺得好吃的東西，或是認為有益健康的東西，對貓來說不一定有益，還可能有危險。

洋蔥、蔥、韭菜、大蒜等食物會破壞貓血液中的紅血球，造成貧血、呼吸困難、嘔吐等危險。最近很受歡迎的酪梨也不可以給貓吃。

另外，巧克力含有的成分，會使得貓呼吸紊亂、嘔吐、拉肚子、發燒。生烏賊的內臟、扇貝等貝類的肝臟、生沙丁魚與生青花魚等藍皮魚，也都含有導致貓生病的成分，必須留心。

母貓的貓奶與牛奶是完全不同的東西，餵幼貓牛奶的話，幼貓會拉肚子。如果沒有母貓餵奶，可以餵食幼貓專用奶。原本對貓很好的肝臟，如果長期餵貓吃太多，貓會發生骨骼異常等危險。

礦泉水因為礦物質含量高，容易導致貓生病，最好不要給貓喝，給貓過濾過或是煮沸過的自來水就好。如果要給貓喝加熱消毒過的水，最好經常換水，以避免細菌滋生。

另外就是百合等植物，雖然不是食物，一旦貓誤食就會中毒。家裡如果有擺放花卉植物的話，請先調查看看對貓是否安全。

酪梨

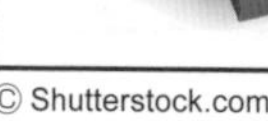

對貓來說，怎麼上廁所是個大問題

貓對於貓砂盆有自己的堅持。

貓砂盆的空間必須足夠讓牠自由轉動身體。假如貓上廁所時，前腳或後腳掛在貓砂盆邊緣，表示這個貓砂盆或許太小。

每隻貓對於貓砂也有自己的喜好。貓砂的材質包括紙、日本扁柏等木片、礦物類、豆渣等，應有盡有。多試幾種找出貓的喜好，同時看看飼主方便取得與處理的是哪一種再做決定。一般來說，貓的小腳可以穩穩踩上去，像砂礫一樣細小的類型是比較好的選擇。

放置貓砂盆的地點也很重要。放在太吵鬧的環境會使得貓無法靜下心來上廁所。放在距離貓平常待的位置太遠的地方，貓也會覺得不方便。貓砂盆放太遠，貓懶得去，就會在沒有貓砂盆的地方隨意大小便。這樣一來就會養成貓亂大小便的壞習慣。

可以在家裡多準備幾個貓砂盆，貓想要上廁所時，就可以就近走去最近的貓砂盆。即使其中一個貓砂盆髒了，也還有另外一個可用。而且家裡有養多隻貓的話，就用不著排隊上廁所了。

影像提供／哇沙米的家

勤勞清理貓砂盆！貓討厭又臭又髒的廁所

貓是很愛乾淨的動物，牠們很討厭貓砂盆骯髒發臭。如果貓上完廁所後猛然衝出貓砂盆，就表示貓砂髒了或臭了。廁所太髒的話，貓就會在貓砂盆以外的地方大小便，因此清理貓砂必須勤快。

有的貓砂盆附有上蓋，雖然可以避免貓砂噴得到處都是，但是，如果貓砂盆比較窄小，再加上蓋子蓋住的話，氣味就容易悶在裡頭難以消散，有臭味的廁所貓不會喜歡。

© Shutterstock.com

最愛玩模擬狩獵 防止貓誤吞玩具

貓最愛玩耍，尤其熱衷於追東西的遊戲。因為打獵是貓的本能，牠們會把玩具看作是獵物。

老鼠或小鳥形狀的玩具可以滾著玩，也可以跳起來抓著玩，款式更是應有盡有。貓可能誤吞太小的玩具或是咬斷繩子，繩子吞進肚子裡有可能纏住腸子，造成腸異物堵塞或線狀異物切割導致的腸道傷害的危險，因此最好選擇繩子不易斷裂的玩具。或是玩具的繩子一斷就立刻換玩具。拿這類玩具給貓玩的時候，飼主最好也要待在旁邊看著。

玩耍時，成就感也很重要 玩雷射筆的訣竅

飼主有時候會因為白天要上班上課，留下貓獨自看家。在這樣的狀況下，為了避免貓覺得無聊，可以事先替貓準備一些安全的玩具。例如滾動就會掉出點心的玩具，不但可以幫助貓做些運動，還可以刺激貓動動腦解決問題。

另外，也可以每天改變擺放玩具的位置，「啊，今天放在這裡！」貓會覺得自己在挖寶，心情也會因此大好。

有一些貓喜歡追雷射筆的紅光，但是對貓來說，玩耍基本上就是在打獵，雷射筆的紅光不是具體的物體，貓無法確實抓到，一直都抓不到獵物對貓來說是一種壓力。所以用雷射筆陪貓玩耍的時候，最好可以讓雷射筆的光點引導貓去到放點心的位置。努力之後得到點心（獵物），貓會很有成就感。

影像提供／平松溫子（右頁的照片也是）

定期健康檢查，及早發現疾病

應該沒有貓是喜歡動物醫院的，但是一旦貓生了病，飼主還是必須帶著貓上醫院檢查。

因此平日請多多練習，讓貓適應待在外出籠裡。如果從幼貓時就定期帶貓去動物醫院的話，貓也會比較習慣上醫院。

隨著貓的年紀越來越大，生病的風險跟著提高。建議可以讓貓定期接受健康檢查，才能夠及早發現疾病。進行健康檢查的次數、是否需要施打疫苗等，請與動物醫院的獸醫討論，一同管理愛貓的健康。

認識結紮的重要性

母貓最快在出生後四個月大時，就已經能夠懷孕生小貓。健康的貓一年可以生兩到三次，一次會生出三到七隻幼貓。

因此飼主如果無法負起責任照顧所有出生的幼貓，或是沒有辦法幫所有的幼貓找到同樣願意愛貓的領養人，最好的方法就是把貓帶去動物醫院結紮，避免讓貓懷孕，這樣對貓比較好，也可以預防母貓子宮蓄膿或降低發生腫瘤的風險。

經常懷孕生產對母貓的身體是一個很大的負擔，貓更會因此較容易生病，而且我們不知道是否每隻幼貓都能夠得到幸福。對於公貓來說，結紮

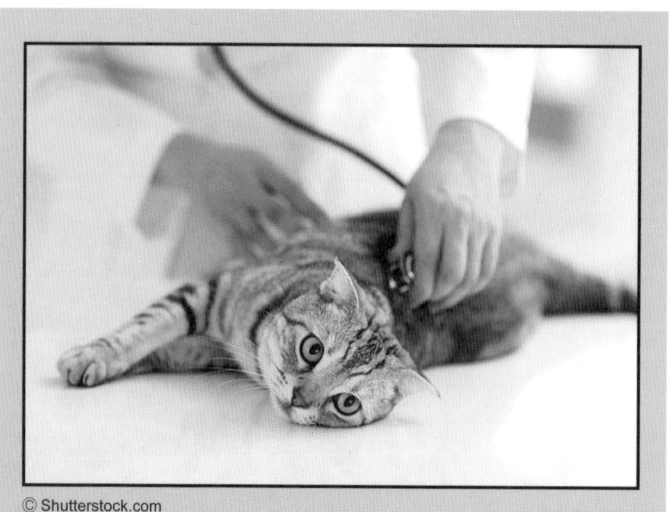

© Shutterstock.com

之後才不會在家裡到處噴尿作記號。到了發情期，不管是公貓或母貓都會為了求偶跑出家門，很可能因此發生意外，發情的叫聲也會打擾到鄰居。結紮後，就不用擔心這些問題發生。

了解流浪貓保護運動 幫助貓咪們

與貓邂逅的方式有很多種，你可以去寵物店或育種人（以販賣為目的繁殖動物的專家）那兒買貓，可以撿流浪貓回家養，也可以去從動物保護團體或中途之家等管道領養。

流浪貓保護運動的主要用意是在幫助沒有飼主、遭丟棄、被霸凌等需要幫助的貓，提供牠們食物和住處，也會帶生病或受傷的貓到動物醫院接受治療。還會幫貓結紮，避免更多不幸的貓誕生。

這些機構都會舉行領養活動，讓有心領養貓的人來看看貓，或是上網募集想要認養貓的飼主。此外，為了確保領養人真的有心養貓、飼養環境是否適合，以及能否持續照顧貓到最後，機構人員會前往申請領養者家裡探視。領養後，也會詢問與貓相處的情況是否有問題，長期提供協助。

避免不負責任的飼養方式 減少不幸的貓

貓原本就是與人類一起生活的動物，沒有飼主的流浪貓不應該出現。無家可歸的流浪貓在戶外大小便會給人帶來困擾、被人類討厭，甚至被虐待。因為有人不負責任拋棄貓，才會有越來越多這類不幸的貓。

動物保護團體和中途之家，大都是利用自己的錢或募捐來的錢照顧這些貓。

除此之外，還有一種在地的愛貓活動，是由當地居民合力照顧沒有飼主、生活在戶外的貓。

在日本，民眾多半把這類活動看成是志工自力發起的活動，因此並不重視。但是在歐美國家，在地民眾都十分認同這種保護活動。也有些國家是由政府提供輔助金或民眾捐款等，建立設備完善的保護機構。大家也應該更重視人類與貓的問題，只要能夠減少不幸的貓，就不需要保護活動了。

動物語耳機

喂！給我游快一點啊。
什麼嘛，慢死了。
喵喵——
喵喵——

牠這樣很可憐耶，別玩了啦。

我可是在教牠游泳耶，你有意見嗎？

喵—

小玉，是誰對你做這麼過分的事啊？

百變貓咪召喚機Q&A

Q 多數的貓不喜歡人類摸哪裡？①頭　②背　③腳

A ③ 腳。有些貓被碰到腳會生氣，必須小心。

好，我借你一個好道具。
我找找喔，到底放到哪裡去了呢……

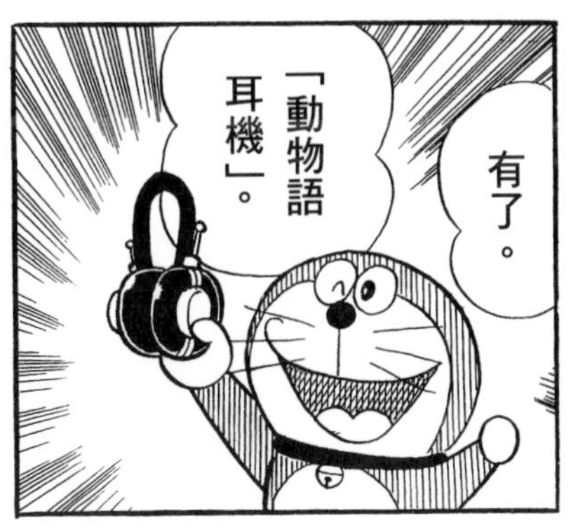

有了。
「動物語耳機」。

這是可以讓人聽懂動物說話的道具喔。
是真的嗎？

啾啾。

那邊有麵包屑可以吃喔。
我們一起去吧！

真厲害呢～～

百變貓咪召喚機Q&A

Q 什麼情況下，貓的耳朵會向後平貼或縮起尾巴？

不必擔心啦，我的百寶袋裡還放了很多厲害的道具喔！

是喔，這次會拿出什麼東西呢？

A 害怕或不安時經常會出現這種反應。

與貓交朋友

假如真的有動物語耳機，我們就能夠馬上知道貓想要什麼了。

但事實上只要觀察貓的態度，也能夠明白貓希望你這樣、不希望你那樣。各位一起來學習使貓心情愉快、增進與貓感情的方法吧。

摸摸貓就像按摩一樣很舒服

貓最喜歡的是飼主，遇到不太認識的人對牠們說話或觸摸牠們的身體，牠們會害怕逃走或伸出爪子攻擊。但是，牠們會希望飼主用各種聲音與牠們説話，或是摸摸牠們。

感情好的貓會彼此互舔對方的頭或臉，這個舉動稱為「理毛」。母貓照顧幼貓時，也會舔遍幼貓的身體幫忙清潔或按摩。同樣的，讓貓信任的飼主摸摸自己的身體，貓會覺得很舒服。飼主當然無法用舌頭舔貓，所以可以要用手撫摸。

一開始你可以輕輕摸摸貓的頭，也可以摸摸下巴下方、臉頰附近，貓會覺得舒服。

有些貓在你突然觸碰牠的身體時，會充滿戒心。大多數的貓不喜歡有人碰牠的腳，因為腳是逃走時很重要的身體部位，碰腳的動作會讓牠們升起戒心。

建立良好的信賴關係，等到你能夠觸摸貓的背部和肚子之後，就多摸摸貓會開心的部位吧。刷毛也跟撫摸一樣，會讓貓覺得舒服。

開心的時候，痛苦的時候，呼嚕聲是溝通的方式

舒服時、安心時，貓都會發出呼嚕聲。呼嚕聲的發生機制是因為喉部肌肉收縮，導致生門快速開閉，所產生的聲音。

喉嚨發出呼嚕聲是在對撫摸牠的對象表達「我相信你」、「我很舒服」的意思。沒人在的時候，貓躺在窗邊舒服的晒太陽，就不會發出呼嚕聲。牠們只在想把舒服的感受告訴對方時，才會振動喉嚨。

但是，貓不是只有心情好才會發出呼嚕聲，生病痛苦的時候也會。也有人說貓的這個舉動是為了讓飼主放心，但唯有當身邊有想要傾訴痛苦的對象存在時，貓才會發出呼嚕聲。牠們或許是想告訴值得信賴的對象「我很不安」、「幫我」。貓的呼嚕聲是一種表達信任的溝通方式。

冷知識

美術館的貓咪們

全球觀光客經常造訪位於俄羅斯聖彼得堡市的國立艾米塔吉博物館，是因為與貓關係深遠而聞名。這座博物館裡住著幾十隻貓，牠們總是待在館裡，對博物館的造訪者向來不屑一顧。據說這些貓住在博物館的歷史始於十八世紀。

一開始是沙皇彼得一世從歐洲帶了貓回來，並且讓貓住進宮殿裡（注：博物館部分的建築物以前是皇室的冬宮）。後來凱薩琳二世為了保護博物館的藝術品不受老鼠侵害，正式讓貓駐守在館裡面。

© Shutterstock.com

學會貓打招呼的方式

貓會利用各種方式與其他貓、動物，包括飼主在內的人類溝通。牠們會用上全身，例如臉上的表情、尾巴的擺動方式、耳朵的動態、背部的姿態，以及聲音的高低等等，來表達自己的心情。

感情好的貓，在相隔一段距離之外看到對方時，就會豎直尾巴靠近彼此，像在打招呼說：「嗨！」兩隻貓來到彼此面前時，就會互相磨蹭身體，尾巴也會稍微彎曲纏上對方的尾巴。

貓在面對飼主時，也會採用對貓打招呼的方式。飼主一回到家或進入房間，貓會開心豎直尾巴靠近，並用身體磨蹭飼主的腿，尾巴也會稍微觸碰飼主的腳。貓就是用這種方式跟喜歡的對象打招呼，表達自己的心情。

貓也有懶得理你的時候只用尾巴回應

貓對貓會互碰鼻子、確認對方。感情好的貓，就會用臉去蹭對方的臉。

同樣的，當人把食指伸到貓面前，貓會把鼻子湊向手指，就這樣順勢用臉蹭過你的手，這同樣是感情好的表示之一。

但是，貓並非總是很有活力。如果貓正躺在喜歡的地方放鬆，即使是牠最愛的飼主叫牠，牠也會有不想理你的時候。此時牠不會特地跑到你面前，有時牠只會拍打尾巴告訴你：「我在這裡，我有在聽。」

不停的干擾你是希望你陪陪牠

貓總是會干擾飼主看書或看報，有些貓在飼主對著電腦時，會直接躺在鍵盤上。你在看電視時，貓會坐在電視螢幕前面，讓你看不到畫面。這些都是貓在表達「我在這裡啊！你怎麼不理我」。因為牠很無聊，忍不住就會想要干擾飼主，希望你陪牠。

如果飼主不陪貓玩，貓就會產生壓力，牠們會為了強調自己的存在，做出很多惡作劇。有些貓還會咬掉自己身上的毛。

因此不管飼主有多麼的忙碌，最好每天都能撥出十到十五分鐘的時間陪貓玩，就算飼主正在刷牙或看電視都可以。不要讓貓覺得寂寞，陪貓玩、摸摸牠，貓就會更喜歡飼主。

貓感到害怕時要先讓貓安心的冷靜一下

貓一覺得害怕就會想要躲起來，臉上也會露出害怕的表情。牠的耳朵會往後貼，尾巴會下垂或捲進肚子下方，透過這些方式表達自己的感受。遇到這種情況，飼主其實可以先去除讓貓感到害怕的原因，讓貓安心的自己冷靜一下。如果你為了安撫而想要去摸正在感到不安的貓，牠反而會以為遭到攻擊而擺出威嚇的姿態——耳朵平貼，背部的毛倒豎，尾巴炸毛，並發出「喝！」或「唔——」的聲音。所以，在這種時候勉強摸貓，你可能會被貓尖銳的牙齒攻擊受傷。

 © Shutterstock.com

認識貓語，讀懂貓的心情

貓會用自己的整個身體來表達自己的感受。耳朵、尾巴、眼睛、毛的狀態、五官、鬍鬚的方向、聲音的類型等都是「貓語」。你只要懂貓語，就能夠了解貓的心情，與貓感情更融洽。

尾巴的位置比背部略低，末端甩來甩去。鬍鬚和耳朵朝向感興趣的方向。

跟喜愛的朋友和家人打招呼時，貓會豎直尾巴靠近，並用身體磨蹭。

露出肚子躺在地上，有時也會發出開心的呼嚕聲。

不管是坐著或躺著都很悠然自得，尾巴自然伸長，有時也會發出安心的呼嚕聲。

鎖定獵物時

身體壓低，尾巴下垂，躡手躡腳，鬍鬚朝向目標方向。

不安

覺得不安時，尾巴會下垂，耳朵也會稍微往後。

害怕！（喝！）

耳朵平貼著腦袋，發出「喝！」的威嚇聲。身體縮成小小一團，被逼到死角的樣子。

有點害怕

身體弓起，耳朵往兩邊倒，尾巴貼著身體整個弓起，黑眼珠變大。

焦慮

尾巴甩來甩去。

害怕！別靠過來！

耳朵往後平貼，背部高高弓起，全身的毛直豎，發出「喝！」的威嚇聲。

插圖／柴崎 HIROSHI

哆啦A夢與哆啦美

是不是我自己太多心啦？
總覺得靜香好像對我很冷淡……

他今天和出木杉聊天聊了二十三次。可是卻只跟我聊三次。
而且她跟出木杉說話的時候還笑得很開心呢！
可是一看到我，臉又馬上垮了下來。

有什麼了不起嘛！
那傢伙不但聰明、長得帥、還是個運動健將、個性又開朗……

怎麼連一個缺點都沒有啊？
萬一靜香喜歡上他，那我該怎麼辦哪？

Q 研究生物行為的學問稱為什麼？

A
動物行為學。在大學獸醫系等有開課。（注：在台灣是動物科學系的課程，詳情請上各大學院校的系所網站查詢。）

※鈴鈴～

嗨！靜香，好久不見囉！
妳好嗎？

待會要不要來我家玩啊？

要不然我去妳家好了，我們可以開心的聊天…

咦？
啊，是喔……那就沒辦法。

靜香說作業有她不會寫的部分，正要出門去出木杉家問他。

原來你希望靜香來我們家啊？
那老實跟我說不就好了嘛。

「來來貓」。

把靜香叫過來吧。
カチ
※喀嗒

這樣靜香就會到我們家來了。
大雄一定會很高興的。

喵～
クネクネ
※扭扭扭

パタパタパタ
※叭叭叭

啊？

郵差先生你的信掉了。

啊，這是寄給大雄的信耶。

我拿去給他好了。

A 核心區（core area）。

Q 貓之中也有氣勢強與氣勢弱的貓，這是真的嗎？

「去去狗」。

「去去狗」一叫，出木杉就會不想待在家裡了。

換句話說，就算靜香去找他，他們也碰不到面。

所以，只要我去攔截的話……

沒錯！你還可以把她帶到家裡來喔。

哆啦A夢！謝謝你！

怎麼突然開始道路施工了。
只要有一點雜音，我就唸不下書。

哎呀…
大雄要到哪裡去呢？

※ 叭叭叭、嘎嘎嘎、噠噠噠

A 真的。氣勢弱的貓有時會被欺負。

百變貓咪召喚機Q&A

Q 聽說貓會因為壓力大把自己舔到禿毛，這是真的嗎？

我還覺得奇怪呢，原來是哥哥你搞的鬼！
妳幹嘛多管閒事啊？

你就放心把這裡交給我，到工廠去維修就好了呀。

這麼棘手的問題小孩子處理不來的。

才不會呢！這種感情問題還是女生比較了解……

我家很安靜，可以專心唸書喔。
想也知道很安靜啊。因為是靜香家嘛！啊哈哈……

還笑得「啊哈哈」咧!?
這麼冷的笑話一點都不好笑!!

哆啦A夢~

A 真的。有的貓還會亂咬或亂吃東西。

Q 聽說貓很自我，缺乏社交能力。這是真的嗎？

「影像實體機」。

可以到對方的內心世界，探索出她真正的想法，然後把所需的分子集合起來，再將腦海裡的影像化為實體的東西。

這機器聽起來還真複雜耶。

別管那麼多，一切包在我身上。

不過它的使用費貴得嚇人，只能用一次喔。

把焦點對準靜香的房間……
打開電源！

※嗡～

我夢想能騎著馬奔馳在一望無際的牧場上。可是媽媽說騎馬很危險，一直不讓我加入騎馬俱樂部。
我想靜香穿騎馬服的樣子一定很帥氣。

※登登

A 假的。貓能夠和夥伴一起行動，也能夠和人類一起生活。

Q 貓朝著牆壁或柱子噴尿時，還噴了什麼？

A 費洛蒙。裡頭包含每隻貓的專屬資訊。

Q 管教貓咪時，有必要用罵的嗎？

這個就是特別為你準備的……
「氣氛檯燈」。

只要打開它，房間就會充滿柔和的光線，

而且還有舒服安靜的輕音樂，帶你走進最棒的氣氛中。

靜香就快來了。

接下來就看你的表現囉。
要加油喔！
我好緊張喔。

A 沒有必要。因為貓聽不懂人類的語言，用罵的只會讓牠怕你而已。

有人在家嗎？

沒人在？
因為連門都沒關耶。

大雄～
該不會瓦斯中毒了吧？

哆啦A夢!!
他突然從天空掉了下來。

我剛剛在空中飛著飛著，能源幫浦突然出了狀況…

得趕快送你到工廠維修才行啊。
對不起！我不該拿老鼠嚇你的!!

不是妳的錯。
都怪我每次都拿無聊的事硬要哆啦A夢幫忙。

百變貓咪召喚機Q&A

Q 老虎也會磨爪子，這是真的嗎？

A 真的。屬於貓科動物的老虎會用樹幹磨爪子。

你們回來啦！
我們幫你送包裹來了。

回去吧！
嗯。

大雄!!
沒關係啦。你還是趕緊回到工廠去吧。

反正離我成年還有十年的時間，到時候，我一定有機會讓情勢逆轉的!!

沒錯！就是要有這股氣勢!!

貓的行為學

哆啦美很可靠，她似乎很懂得哆啦A夢和大雄的個性，就像在跟貓接觸一樣。

怎麼做才能夠讓貓喜歡自己？有沒有什麼困擾？養貓時，徹底了解貓的行為很重要。

找出動物的行為原因 動物行為學與專科醫生

包括貓在內的所有動物，為什麼會採取某種行動呢？思考其中原因，有問題就想想對策，這就是「動物行為學」。不是以人類的感覺去定論貓的行為動機，而是去理解貓是什麼樣的生物、基於什麼理由做出某種行動，明白之後，人類就能夠與貓相處得更愉快。本書提到的內容，很多都是根據貓的行為學。

在日本，動物行為學不只能夠在獸醫系學到，也能夠在理學院的生物學系、農學院學到。學過動物行為學的獸醫，了解動物在想什麼，所以治療時會特別考慮到壓力等問題，顧慮到動物的精神狀態，就像人類的身心科專科醫師那樣。

從貓的行為學 了解貓的社會狀態

一般人往往以為貓是單獨行動的動物，認為牠們不會成群結隊，天涯孤獨的一隻貓單獨生活著。但事實上，貓是懂得社交的動物，會和夥伴們一起行動。與人類飼主一起生活也是貓無法單獨行動的證明。

貓從幼貓時期開始，就從母貓身上學習並成長。如何與其他貓或動物溝通，也都是母貓教的。懂得如何學習溝通是因為牠們知道自己是與其他的貓和動物，共同生活在同一個社會。

即使是從小就與母貓分開的貓也一樣，只要與人類一起生活，就能夠從人類身上學習並成長。出生三週到九週左右，幼貓就會開始學習社會化，稱為「社會化期」。

各位在學校裡應該有很多好朋友吧？在同一個班級裡，應該都會有不太說話，或是你不曉得該怎麼相處的同學。

貓的社會也是，貓會和好朋友一起玩或睡午覺，也會和人類飼主一起生活。單獨行動的動物不會像這樣與其他夥伴或動物同居。

貓惡作劇了！可是，罵牠也沒有意義

與貓一起住會有很多愉快的趣事，只要有貓在身邊，我們就會覺得很幸福。

但有時也會發生令人頭痛或令人擔心的情況。有時貓會造成飼主的困擾，有時是貓本身的壞習慣導致生病，必須去動物醫院。

有時明明家裡有貓砂盆，貓卻在其他地方小便。有些貓養成壞習慣，愛亂咬塑膠、玩具、布等東西並吃下去。也有些貓會在牆壁等地方噴尿，甚至有些貓會在飼主不想被抓壞的地方磨爪子、破壞家具。有的時候飼主很想睡覺，卻被早起的貓吵醒。

在這些情況下，你或許會忍不住想大罵你家的貓。但是就算你家的貓做了你不希望牠做的事，罵牠也幾乎沒有意義。

因為貓聽不懂人類的語言，牠只會從飼主罵牠的聲調和語氣察覺「你在生氣？我好害怕！」。貓一害怕就想逃離現場，這樣一來並沒有辦法改善牠的問題行為。

© Shutterstock.com

不打罵也可以改正貓的壞習慣 利用貓的學習能力

貓做出問題行為時，如果不是每次都在完全相同的情況下，並且在〇點五秒內狠狠的罵牠，貓就無法了解飼主是在對自己做的行為生氣。但是我們不可能每次都在完全相同的狀況下罵貓，所以貓永遠都不懂自己為什麼挨罵。

如果貓做出非改不可的行為，飼主可以利用貓的學習能力，這樣做遠比破口大罵更有效果。

舉個例子來說，貓窩在

剛洗好的毛巾上，如果飼主不想貓跑上去，就不該罵貓，而是要把毛巾藏起來，改準備座墊給貓，然後摸摸貓的頭說：「好乖。」或給貓點心。這樣的舉動重複幾次下來，貓就會了解坐上那個座墊不會挨罵，會得到稱讚，也會得到點心。這麼一來，即使同時擺著毛巾和座墊，貓也會選擇座墊。

如果貓在你不希望牠亂抓的地方磨爪子，你就在同樣位置放上瓦楞紙箱或木板。你如果明明還想睡覺，卻被貓咬、被貓吵醒的話，即使你已經醒了也要裝沒醒，這麼一來，貓就會學到用這個方法無法叫醒飼主，自然會放棄。

可能是生病？問題行為也存在各式各樣的原因

但是這個方法不一定能夠解決所有情況。貓做出對人來說很傷腦筋的行為，或許有不同的理由。貓可能是因為壓力大，所以才亂咬東西或咬掉自己的毛，因此養成壞習慣，這種情況稱為「強迫症」。還有貓明明結紮了，卻做出噴尿的舉動，這很可能是貓的腎臟、膀胱、尿道或心裡出了問題，最好帶去動物醫院找醫生談談。

▲仰躺的貓，左側是頭。肚子上的毛被咬掉了。　影像提供／平松溫子

我們來看看貓的社會

喜歡的場所是核心區 貓也會避免無意義的爭執

貓並沒有很強烈的「地盤」意識。地盤意識是指，如果有其他動物進入自己的領域時，就會追殺對方，將對方逐出絕不輕饒。

但如果是貓的話，有其他貓、人類或動物進入自己覺得舒服的場所，牠們並不會追趕或攻擊。貓喜歡的場所稱為「核心區」。

貓的社會也有胖虎和大雄

在哆啦A夢漫畫中，胖虎與大雄在人類社會的關係，事實上在貓的社會也有。

在同一個屋簷下，如果有氣場強與氣場弱的貓，就會出現類似胖虎與大雄的關係，強貓會捉弄或欺負弱貓。氣場弱的貓想要去上廁所時，強勢的貓就會故意擋在半路上不給過。所以貓砂盆最好要多準備幾個，方便氣場弱的貓輕鬆使用。

費洛蒙是讓其他貓認識自己的情書

在人類社會中，人們即使沒有待在一起，也會彼此傳送訊息或打電話。貓也一樣，牠們有辦法讓不在場的其他貓，曉得自己的存在。

貓會在牆壁或柱子噴尿，是要告訴不在場的貓說：「我在這裡！」

牠們噴的是含有費洛蒙的霧狀尿液。費洛蒙裡含有每隻貓各自的專屬訊息，例如「我是兩歲的公貓，現在正在徵女友」或「我三歲，正在找約會對象」等等。

磨爪子也是自我介紹的方法？

磨爪子的行為對貓來說，或許也是留訊息給不在場的貓的方法之一。

同屬貓科的老虎，也會用樹幹磨爪子，藉此修剪爪子，同時在樹幹表面留下爪痕，從爪痕的高度和大小宣示自己的尺寸。

對貓來說，磨爪子不是為了打理自己或消除壓力，更有可能是為了留下爪痕傳達訊息。

「貓科醫學會」與貓專門的動物醫院

專門學習與研究貓相關事物的日本獸醫，創立了「貓科醫學會」這個機構。這是一個在二〇一四年成立的新學會，目的是發展貓科醫學，為貓提供更舒適的動物醫院環境。日本的「貓科醫學會」是國際貓學組織「國際貓

科醫學會」的官方夥伴。台灣也有貓科醫學會，成立於二〇一八年，目的是推廣貓的醫學知識及友善的正確照顧，也是國際貓科醫學會的官方夥伴。

最近開始出現專門替貓看診的動物醫院，也有越來越多動物醫院會把貓和狗的樓層分開（因為有很多貓怕狗）。不只是為貓準備理想的環境，獸醫也持續認真學習貓的相關知識，這麼一來動物醫院就能夠得到「貓友善醫院」的國際認證。

下次帶貓去動物醫院時，挑選一家有貓友善醫院認證的醫院，或許是個好選擇。

冷知識

貓喜歡被摸哪裡？

貓的身子骨很柔軟，但也有牠自己的腳搔不到的地方，而很多貓喜歡人類溫柔輕摸那些地方。但如果你的貓不喜歡，你可別硬是要摸。另外，貓多半不喜歡人碰牠的腳和尾巴，這點也要注意。

尾巴根部
輕摸尾巴根部一帶。
耳後
像在幫牠搔耳朵一樣輕輕撫摸。
喉嚨下方
搔抓或撫摸這裡。
兩眼之間
來回撫摸額頭和眼睛中間。

內心慾望探測器

有棄貓。
喵~喵~

每次一有小貓，
就會丟在這裡。
好可憐喔…

我很想養你，可是家裡已經有金絲雀了。
我媽也會囉嗦。

當作沒看到。
小貓咪！對不起了。
喵~喵~喵~

Q 人類失去心愛寵物時出現的症狀，稱為什麼？

A 喪失寵物症候群。

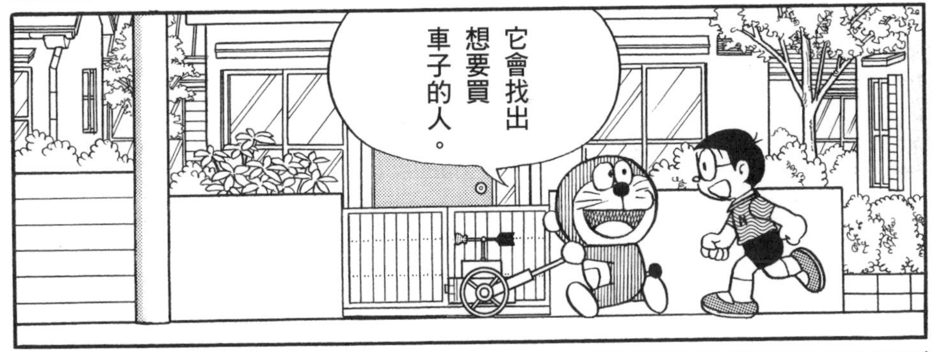

※ 喔咿喔咿～

※ 旋轉

※ 嗶～

※ 喔咿喔咿～

百變貓咪召喚機Q&A
Q 可以幫助尋找走失貓咪的電子標籤叫做什麼?

A 寵物晶片。寵物晶片只有米粒大小，會植入皮膚底下。

百變貓咪召喚機Q&A

Q 日本經常發生地震，是否必須考慮到寵物如何避難？

※喔咿喔咿～

A 是的。事先準備好寵物的糧食和飲用水，才能避免緊急情況發生時驚慌失措。

※ 喔咿喔咿～

叫我看漫畫稿？
看那些業餘作品也沒用。

總而言之，
先看看就是了嘛！

……

嗯!?
……

這真是百年難得一見的新人，請務必和我們公司簽約！

他因為拿到契約金，所以搬家了，而且還可以養貓。

與貓共生

低潮時有寵物相伴，不管貓或狗都是自己的家人。但是天災等災難發生時，我們該怎麼做才好？寵物的壽命比人類短暫，牠們先一步死去的話，我們該如何釋懷？這些問題很困難，我們還是有必要徹底想清楚。

如何在天災多的日本與寵物一起生活？

日本和台灣都是有很多地震、颱風、豪雨等天災的國家。遇到必須撤離的時候，別忘了帶著重要家人之一的貓。

貓對於巨大聲響十分敏感，有些貓遇到打雷就會驚慌失措或是害怕的躲起來。萬一全家人必須撤離，貓卻不曉得躲到哪裡去，在找貓時或許就會錯過撤離的黃金時間。

因此平日就要了解貓會躲藏的場所，發生災難時，一沒看到貓，就先去檢查貓是否躲在沙發、床下或是衣櫃等牠平常躲藏的地方。如果貓因為害怕而躲了起來，飼主要冷靜的輕聲安撫牠，然後引導貓進入外出籠。此時飼主如果顯露出害怕或恐慌，貓也會覺得害怕。

飼主平日也要檢查貓躲藏的場所是否安全，有東西壞掉了就要修

© Shutterstock.com

理。如果擔心物品掉落會壓扁貓，就要事先把會倒塌的物品挪走。

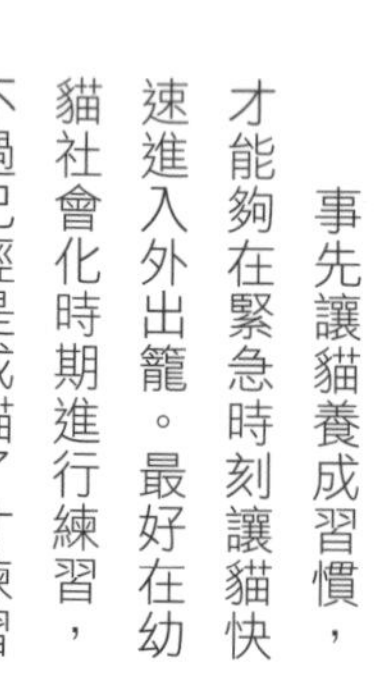

平日做好避難練習 為緊急避難做準備

事先讓貓養成習慣，才能夠在緊急時刻讓貓快速進入外出籠。最好在幼貓社會化時期進行練習，不過已經是成貓了才練習也不遲。可以在外出籠裡放貓點心，讓貓記得只要進去裡面就有點心可吃。平常也要叫貓過來進行外出籠訓練。

撤離路線最好能夠事先確認妥當，為了防止裝貓的外出籠門被貓輕易打開，可以用橡皮筋固定。

災害發生或避難撤離時，人類的飲用水有限，也很難替貓準備水。為了應付這種情況，貓食最好準備袋裝溼食或罐頭。溼食的含水量多，可以幫貓補充水分。

考慮到貓可能會迷路 建議植入晶片

最近可以接受寵物的避難所越來越多，但是避難所的空間有限，而且或許會有討厭動物或對動物過敏的人。有時為了避免避難時引發不必要的麻煩，把貓留在家裡，對人對貓都好。與其強行把躲起來的貓塞進外出籠，讓貓靜靜待在家裡等待災害平息，只有人類去避難比較好。這時最好在玄關等一眼就會看到的地方，貼上「屋裡有貓」的紙條，有人過來巡邏時，可以當作放置貓食的記號。

為了預防你的貓迷路，最好事先在項圈寫上名字和聯絡方式。但是，項圈很有可能勾到鐵絲網脫落或是造成貓脖子勒傷，市面上也有容易脫落的安全項圈，可是這麼一來在項圈上寫名字就沒有意義了。怎麼辦才好？只要事先把記錄名字和聯絡方式等資訊的晶片植入貓的體內，有人撿到貓時，就能夠盡快聯絡飼主。

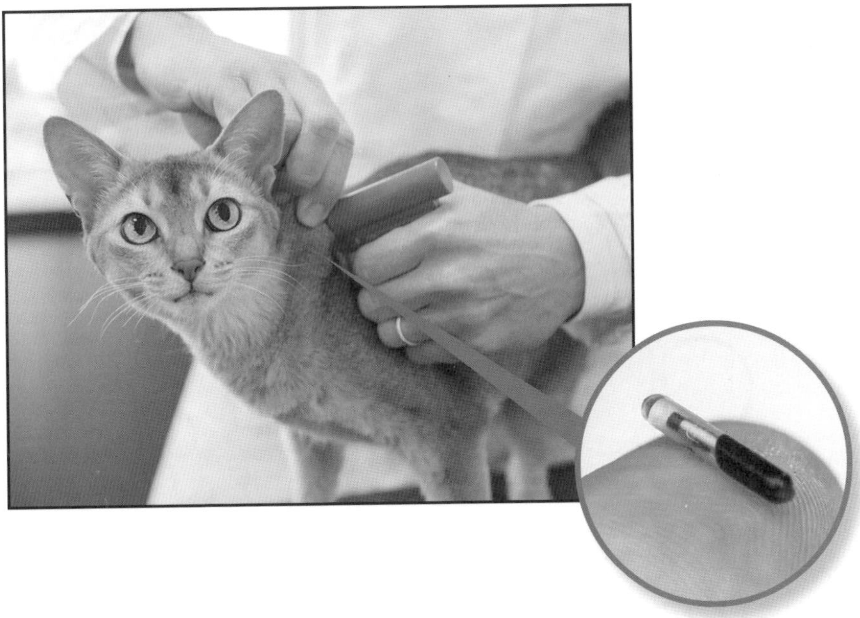

災害發生時該怎麼辦？在避難所有哪些注意事項？諸如此類的內容，高雄市動物保護處發行的「寵物防災手冊」都有記載，可到其網站上下載電子版的手冊。希望飼主和家人都要仔細閱讀。

什麼是喪失寵物症候群？會出現什麼狀況？

貓的平均壽命大約十五歲，有些貓不到這個年紀就死了，也有貓能夠活得比這更久。有的貓會病死，有的貓是車禍撞死。貓的一生比一般人類更短暫，只要飼主不是高齡者，貓大多數都會比人類先走一步。因此一旦決定與貓一起生活，就必須做好心理準備，總有一天會需要與先離開的貓道別。

重要的家人朋友離世時，我們都會很難受、很悲傷。人類的家人朋友過世當然會覺得寂寞，但一起生活的貓消失，我們同樣也會悲傷。即使不是死亡，貓也可能跑到外面去迷路回不了家。飼主在失去貓、狗等寵物後，內心與身體出現的各種症狀，稱為「喪失寵物症候群」。喪失就是「失去」的意思。

 © Shutterstock.com

寵物饅頭

我以前曾經聽說過，寵物跟飼主會很像喔。
哎呀～沒有啦。
哈哈哈！你這傢伙，又在哄人開心了。

不，我是說真的喔。
舉例來說，我養的貓吉兒呢……

啊，剛好吉兒在哪裡。
過來、過來！

喵喵。

牠既守規矩、又伶俐，外表也很漂亮，更有高貴的氣質，就像我一樣呢。
先不管牠的氣質是否高貴，牠真的跟小夫很像呢。

因為我很愛牠啊！
這應該就是所謂的潛移默化吧。

聽你這樣一講，我就想到我養的酷哥……

頭好壯壯，又強悍，是典型的男子漢呢！

※狂咬亂吃

百變貓咪召喚機Q&A

Q 把珍貴的東西給不懂價值的人，日本人稱為「給貓什麼」？

還給我！還給我！
等等，什麼事啊？

我藏起來的銅鑼燒被偷吃了！
本來要留著等一下好好品嘗的！
我不知道啊，不是我吃的。

你總是這樣……
該不會是你自己吃掉卻忘記了吧？

可是我不記得我有吃啊……

先別說這些，這下糟了！
胖虎他剛剛很生氣……

你竟敢讓我丟臉！
汪嗚！
汪嗚！

給我好好反省。
在這之前不給你東西吃。

太過分了!!
因為和自己不像就非常生氣。

好！
就用這個吧！

「寵物饅頭」！

吃下這個，寵物就會和主人一模一樣。

不准你們對我的狗多管閒事！

這是什麼東西？

要是變得像胖虎一樣，對寵物來說才是災難吧！
就是說啊。

哇，跟胖虎好像喔。

是嗎!?真的跟我很像嗎？
像到分不出誰是誰了。

一定是酷哥感受到我的愛了。

百變貓咪召喚機Q&A

Q 日本人稱對人諂媚的聲音是「〇〇〇的聲音」。〇〇〇是指什麼？

原來「寵物饅頭」被胖虎吃掉了。

那種饅頭人可以吃嗎？
又不會怎樣。

其實還滿好吃的呢！

真的耶！口感不錯耶!!
パクパク

※ 大口吃

反正我們家沒養寵物，吃了也沒關係。

咦？
你的臉變得有點像動物耶……

怎麼可能？
我又沒有養什麼寵物啊……

是老鼠啊！

因為老鼠總是把你藏起來的銅鑼燒吃掉，所以就像是你在養牠們！

A 貓撒嬌（的聲音）。因為貓被人撫摸時，會發出撒嬌的呼嚕聲。

與貓有關的日本諺語和慣用句

就像前篇漫畫〈寵物饅頭〉中說的，寵物養久了就會跟飼主很相似。日本人在一千多年前就與貓一起生活，日本有上百個與貓有關的諺語、慣用句、成語故事等。由此可知，日本人眼中看到的日常景物裡，貓佔了很重要的地位。到底有哪些諺語呢？我們來看看吧。

給貓柴魚片

把柴魚片放在貓附近，馬上就會被貓吃掉，比喻為不可粗心大意。柴魚片含有很多鎂，給貓吃太多柴魚片的話，貓會因尿道結石而生病，必須注意！

貓肥柴魚瘦

一方佔便宜，另一方就會吃虧的意思。貓如果吃掉柴魚片的話，刨柴魚片的柴魚塊（鰹魚乾）就會變細。

給貓金幣

比喻把貴重的東西交給不懂得其真正價值的人，是徒勞無功的事情。

借來的貓

和平常不同，特別乖巧。貓在自己家裡往往不拘小節，但是被帶去陌生場所時，就會縮成一團保持警戒。

連貓手都想借

形容非常忙碌的狀態。貓除了抓老鼠之外，整天都在睡覺或玩耍。連這麼沒用處的貓都想要找來幫忙，表示忙到不可開交。這是與貓有關的俗諺中，人們最常使用的諺語之一。另外還有「連小孩都比貓有用」、「誰都比貓強」這類形容，比喻小孩子看起來派不上用場，卻比貓有用。

貓也是，飯匙也是

意思是每個人、所有人。飯匙是舀飯的工具，為什麼把貓和飯匙放在一起比喻，這點沒有人知道，原因眾說紛紜。最有力的說法認為這句話原本是出自「釋迦也是，

達摩也是，貓也是，飯匙也是」，意思是指包括尊貴的釋迦牟尼佛、了不起的達摩、動物的貓，以及物品的飯匙，這所有的一切。

貓舌頭

意思是不擅長吃熱食，因為貓不會碰熱的食物。怕燙的貓吹冷熱茶的樣子還衍生出「貓吹茶」這句諺語，意思是奇怪的模樣、滑稽的表情。

裝貓

意思是隱藏本性，假裝乖巧的模樣。貓的外表看來文靜溫和，事實上卻擁有銳爪。裝貓的人叫「裝乖」。類似意思日文還有一個說法是「貓根性」，意思是外表看似溫和，實際上很固執。

寵貓

意思是像在寵貓一樣疼愛。

貓撒嬌的聲音

為了討好對方，發出溫柔甜叫賣乖。來自於貓被摸摸時，發出的呼嚕撒嬌聲。

貓洗臉就是快要下雨了

貓經常做出舔前腳洗臉的動作。這個動作稱為貓洗臉。有人說貓做出這個動作，就是快要下雨了。也有人說這是貓的天氣預報，只要看到貓用前腳洗臉、搔耳後，就代表快要下雨了。天氣轉壞，溼度升高，貓就會覺得臉黏黏的、有點癢，所以會動手洗臉。但事實上貓最常洗臉，是在吃飽飯之後。

窮鼠咬貓

窮鼠是指被逼到絕境、走投無路的老鼠。比喻陷入逃不了的窘境時，即使對方很強大，也要拚死反擊。這句話來自中國古代的文獻。

就像面對貓的老鼠一樣，被強大的對手逼到無法戰鬥、九死一生時使用的諺語就是「被貓追的老鼠」。

連貓也跨過、貓跨過、連貓也跨過的魚

意思是，魚難吃到連愛吃魚的貓都不吃、直接無視跨過。比喻誰都不理會。

貓套紙袋

意思是猶豫、退縮。拿紙袋套住貓的頭時，貓想要拿下來就會往後退。因為這個動作，所以把貓套紙袋引申為猶豫的意思。

貓大便

貓上完廁所會撥沙掩埋，因此有隱瞞壞事的意思。引申為偷偷把撿到的東西據為己有（做壞事）。

貓額頭

比喻狹窄的場所。貓的臉很小，額頭也很窄。

貓脖子掛鈴鐺

這句諺語來自伊索寓言的故事。

老鼠們討論要在貓的脖子上掛鈴鐺，這樣貓一靠近牠們就會察覺。但是所有的老鼠都怕貓，沒人敢靠近貓去掛上鈴鐺。由此引申為困難到沒有人願意接手的事情。「就像在貓脖子綁鈴鐺般的事情」，意思就是不可能辦到的事情。

幼貓沒半隻

形容空無一人的狀態，也可以說連一個小孩子都沒有。意思就是沒看到平常隨處都可以看到的貓和人。

給貓木天蓼

貓喜歡木天蓼，引申為送給對方喜歡的東西很有效果。意思就是送給心情差的人喜歡的東西，對方的心情就會轉好。

貓不懂老虎心

意思是小人、心胸狹窄的人不會懂心胸寬大者的想法。即使同樣是貓科動物，人稱大貓的老虎和貓還是相差甚遠。

變化如貓眼

貓的黑眼珠會隨著光線大小變細或變圓。用這個反應形容變化炫目迅速，也可指心情的瞬息萬變。

給貓佛經

就算把寫著佛祖教誨的佛經唸給貓聽，貓也不懂那

個價值，對貓來說沒有意義。意思是，把再厲害的東西交給不懂價值的人也派不上用場。無論是多麼有幫助的教訓，對方也聽不進去。

狗依賴人，貓依賴家

搬家時，狗會跟著飼主，飼主去哪兒狗就去哪兒；貓卻是待在自己原本住的地方。但事實上，貓或許比較喜歡跟著飼主。搬到新家，請擺上會散發貓喜歡的費洛蒙或氣味的物品，讓貓習慣新環境。

貓三天就忘三年恩

比喻你不管多寵愛你的貓，貓也會很快就忘記你，貓就是這麼忘恩負義的動物。相反的，一提到狗，一般日本人都是說：「狗三年也不忘三日恩。」但是也有完全相反的諺語，例如：「貓狗養三天就不忘恩情」、「貓狗照顧三天就不忘恩情」，意思是連貓狗這些動物都不會忘記恩情，人類就更不應該忘記。

貓拒收魚

形容明明很苦卻假裝沒事；真的很想要，表面上卻裝客氣。另外一個意思是指只是一時的，無法持久。

貓盯老鼠

就像貓鎖定老鼠，不讓獵物逃走一樣，形容以銳利的目光緊盯，做好準備的樣子。

老鼠想要貓額頭的東西

意思是不清楚自己的能力也沒有考慮到危險，就採取行動，有勇無謀。從「老鼠盯著貓身旁的食物」的舉動衍生出來的諺語。

貓與村長都會上當

就像貓一看到喜歡的東西一定會收下，沒有哪個村長不收賄賂。村長是江戶時代的地方官員，這句話在諷刺官員收受賄賂。

追貓不如收盤子

也說「追貓不如拿掉魚」。意思是，想要趕走偷食物的貓，不如先把食物收起來。形容應該解決最根本的問題，而不是治標不治本。

如何才能成為獸醫？（以日本的情況為例）

讀六年制的獸醫系，並通過獸醫師的國家考試

或許有人將來想要從事與貓有關的工作，這裡要告訴你，成為像入交老師這樣的貓研究者、獸醫師的方法。動物的醫生稱為「獸醫／獸醫師」，除了在動物醫院治療貓狗等小動物的獸醫之外，還有其他類型的獸醫。包括診療牛、雞等畜產相關動物的畜產專科獸醫、成為公所等的公務員，負責家畜傳染病等的獸醫。也有人是教導獸醫相關課程，還有人是在做研究，這些人都是獸醫。

在日本，想要成為獸醫，必須進入有獸醫系的大學就讀六年，學習專業知識，並通過農林水產省實施的「獸醫師國家考試」合格才行。日本有獸醫系的國立、公立、私立大學共計有十七所，全部加起來每年只有一千名學生能夠擠進窄門。各大學的學費不同，私立聽說要花一千萬日圓左右。

在學期間的獸醫訓練，有以研究為主的內容，也有成為獸醫、診療小動物的課程。最好先考慮清楚想成為哪一種獸醫，再決定要走的方向。在獸醫系學到動物身體、疾病相關知識之後，接下來是學習診斷、預防與治療，因此也必須上藥學、生物學、生命科學等課程。

在大學獸醫系就讀期間，你必須在有限的時間內學習很多東西。即使你喜歡貓，也不可能只學與貓有關的專業知識。除了大學教的東西之外，想要學到更多貓知識的獸醫，就得自行進修，提高專業水準。

順便補充一點，學過貓的專業知識並打造貓感到舒適的環境，有些特色的動物醫院就是有「貓友善醫院」國際認證的動物醫院。

在台灣要如何成為獸醫師呢？必須於公立或立案之私立專科以上學校或經教育部承認之國外專科以上學校獸醫、畜牧獸醫科、系、組畢業，並經實習期滿成績及格，領有畢業證書，並通過獸醫師專技高考（專門職業及技術人員高等考試獸醫師考試）取得執照，始得執業。

插圖／柴崎 HIROSHI

漫畫作者

藤子・F・不二雄

■漫畫家

本名藤本弘（Fujimoto Hiroshi），1933 年 12 月 1 日出生於富山縣高岡市。1951 年以《天使之玉》出道，正式成為漫畫家。以藤子・F・不二雄的筆名持續創作《哆啦 A 夢》等作品，建構兒童漫畫新時代。
主要代表作包括《哆啦A夢》、《小鬼Q太郎（共著）》、《小超人帕門》、《奇天烈大百科》、《超能力魔美》、《科幻短篇》系列等無數出色的作品。2011 年 9 月，日本神奈川縣川崎市的「藤子・F・不二雄博物館」開幕，展出過去作品的原畫，紀念藤子・F・不二雄的魅力。

日文版審訂者

入交真巳

■動物行為學家

日本獸醫畜產大學（現改名為日本獸醫生命科學大學）畢業。曾服務於東京都內的動物醫院，之後轉往美國普度大學取得學位，在喬治亞大學附設獸醫教育醫院獸醫行動系修畢住院醫師課程，擁有美國獸醫行為學專科醫師執照。曾任日本北里大學獸醫系講師、日本獸醫生命科學大學獸醫系講師，而後擔任動物綜合醫院行為診療科主任、日本 Hill's-Colgate（JAPAN）Ltd. 的學術顧問。目前是日本多所獸醫大學兼任講師。著作有《貓幸福就好》（小學館）。

台灣版審訂者

闕筱芙

嘉義大學獸醫系畢業後至台灣大學獸醫研究所修得碩士學位，並赴日本麻布大學獸醫系參與日本科技部研習計畫。現為寵物品牌（牠的專科、貓咪寶）創辦人，並任職於台北中山動物醫院、台灣貓科醫學會，業餘也時常擔任寵物課程講師，以及在各種電視節目宣導養貓的知識觀念，努力推動提升貓咪福祉。

譯者簡介

黃薇嬪

東吳大學日文系畢業。大一開始接稿翻譯，至今已超過二十年。兢兢業業經營譯者路，期許每本譯作都能夠讓讀者流暢閱讀。主打低調路線的日文譯者是也。

哆啦A夢知識大探索 ❶
百變貓咪召喚機

●漫畫／藤子・F・不二雄

●原書名／ドラえもん探究ワールド——ネコの不思議

●日文版審訂／Fujiko Pro、入交真巳

●日文版採訪、撰文／平松溫子

●日文版美術設計／西山克之（Nishi 工藝） ●日文版封面設計／有泉勝一（Timemachine）

●日文版編輯／熊谷 Yuri

●翻譯／黃薇嬪 ●台灣版審訂／闕筱芙

【參考文獻、網站】

《學研的圖鑑LIVE狗、貓、寵物》（學研PLUS）、《小學館的圖鑑NEO [新版] 動物》（小學館）、《為什麼？圖鑑 貓》（學研PLUS）、《貓幸福的話這樣就好》（入交真巳／小學館）、《貓的古典文學誌》（田中貴子／講談社）、《貓的事典》（成美堂出版）、《貓真厲害》（山根明弘／朝日新聞出版）、《貓的世界史》（Katharine M. Rogers/X-Knowledge）、《貓的日本史》（桐野作人／洋泉社）、《貓的秘密》（山根明弘／文藝春秋）、《貓的歷史與奇話》（平岩米吉／築地書館）、《貓咪模樣圖鑑》（淺羽宏／化學同人）、《視覺博物館貓科動物》（Juliet Clutton-Brock／同朋社出版）、《不思議的貓世界》（NHK出版）

發行人／王榮文
出版發行／遠流出版事業股份有限公司
地址：104005 台北市中山北路一段 11 號 13 樓
電話：(02)2571-0297 傳真：(02)2571-0197 郵撥：0189456-1
著作權顧問／蕭雄淋律師

2021 年 4 月 1 日 初版一刷 2024 年 6 月 1 日 二版一刷
定價／新台幣 350 元（缺頁或破損的書，請寄回更換）

ISBN 978-626-361-662-2
遠流博識網 http://www.ylib.com E-mail:ylib@ylib.com

◎日本小學館正式授權台灣中文版

●發行所／台灣小學館股份有限公司

●總經理／齋藤滿

●產品經理／黃馨瑝

●責任編輯／李宗幸

●美術編輯／蘇彩金

國家圖書館出版品預行編目資料 (CIP)

百變貓咪召喚機 / 日本小學館編輯撰文；藤子・F・不二雄漫畫；黃薇嬪翻譯. -- 二版. -- 台北市：遠流出版事業股份有限公司，2024.6
面； 公分. --（哆啦 A 夢知識大探索；1）

譯自：ドラえもん探究ワールド：ネコの不思議
ISBN 978-626-361-662-2(平裝)

1.CST: 貓 2.CST: 漫畫

437.36 113004864

DORAEMON TANKYU WORLD—NEKO NO FUSHIGI—
by FUJIKO F FUJIO

※ 本書為 2020 年日本小學館出版的《ネコの不思議》台灣中文版，在台灣經重新審閱、編輯後發行，因此少部分內容與日文版不同，特此聲明。